直升机领航技能训练与实践

潜继成　杜晓凯　林君晓　主编

北京航空航天大学出版社

内 容 简 介

本书根据直升机飞行人才培养的特点和规律,从直升机飞行领域能力需求出发,设置了领航技能结构、领航技能训练实践应用、领航计算技能训练习题三大部分内容。领航技能结构系统阐述了领航计算技能、领航准备技能和领航实施技能三大类共 13 项领航基本技能;领航技能训练实践应用以拥有自主知识产权的"领航计算技能训练与考核系统"和"领航模拟训练系统"为依托,提出了领航技能形成和提升的科学方法和路径;领航计算技能训练习题涵盖各类典型领航计算训练内容,采用"领航计算技能训练与考核系统"自动生成数据,题型覆盖面广,贴近任务实际,适合不同阶段、不同水平的飞行人员反复自主练习以提升领航计算技能。

本书适合航空飞行与指挥、空中领航、地面领航等专业的学员,广大飞行爱好者,以及对领航技能训练感兴趣的人士阅读。

图书在版编目(CIP)数据

直升机领航技能训练与实践 / 潜继成,杜晓凯,林君晓主编. -- 北京 :北京航空航天大学出版社,2025.5. -- ISBN 978 - 7 - 5124 - 4618 - 2

Ⅰ. V275

中国国家版本馆 CIP 数据核字第 20255HG089 号

直升机领航技能训练与实践

潜继成　杜晓凯　林君晓　主编

策划编辑　杨国龙　　责任编辑　王迎腾　杜友茹　王　瑛

*

北京航空航天大学出版社出版发行

北京市海淀区学院路 37 号(邮编 100191)　http://www.buaapress.com.cn

发行部电话:(010)82317024　传真:(010)82328026

读者信箱: qdpress@buaacm.com　邮购电话:(010)82316936

艺堂印刷(天津)有限公司印装　各地书店经销

*

开本:710×1 000　1/16　印张:14.75　字数:314 千字

2025 年 5 月第 1 版　2025 年 5 月第 1 次印刷

ISBN 978 - 7 - 5124 - 4618 - 2　定价:79.00 元

编委会

前　　言

空中领航技能是飞行能力构成的核心要素之一，是飞行员完成飞行任务、保证飞行安全的重要能力支撑。直升机以其机动灵活的特性在通用航空及军事领域应用广泛，然而任务的多样化也使直升机的飞行环境相较于其他飞行器更加复杂，这给其在飞行中准确实施空中领航带来较大挑战。因此，研究直升机飞行人员空中领航技能训练的理论和方法，探索提升直升机飞行人员空中领航技能水平的有效路径，具有重要的实践作用和现实意义。

为有效提升直升机飞行人员空中领航技能水平，从而为其高质量开展空中领航技能训练提供理论依据，作者团队在近年多项学科研究成果的基础上，结合多年直升机飞行理论教学实践，进一步总结梳理了空中领航技能训练经验成果，编写了《直升机领航技能训练与实践》一书。

本书根据直升机飞行人员培养规律，从直升机飞行领航能力需求出发，设置了领航技能结构、领航技能训练实践应用、领航计算技能训练习题三大部分内容。领航技能结构紧贴直升机飞行领航任务，总结阐述了领航计算技能、领航准备技能和领航实施技能三大类共 13 项领航基本技能。领航技能训练实践应用以拥有自主知识产权的"领航计算技能训练与考核系统"和"领航模拟训练系统"为依托，总结多年领航模拟训练实践经验，提出了领航技能形成和提升的科学方法和路径。领航计算技能训练习题具体包括基本数据计算、求风计算、改航计算、无线电领航计算、准时到达计算五大类领航计算技能内容，习题采用"领航计算技能训练与考核系统"自动生成数据，分布随机性强，题型覆盖面广，贴近任务实际，练习效果较好，适合不同阶段、不同水平的飞行人员反复自主练习以提升领航计算技能。

本书在阐明领航技能相关理论的同时，重点研究了领航技能的训练方法与实践过程，紧贴直升机飞行人员空中领航技能培养实际，深度、广度适宜，突出了实践性和领航专业特色，适合航空飞行与指挥、空中领航、地面领航等专业的学员使用。

本书由教学训练一线的领航理论教员、空中领航员、飞行员根据多年实践经验编写而成。潜继成、杜晓凯、林君晓任主编，郭霞、赵路、向童欣、张志雯任副主编，参与编写的人员包括刘国华、张文良、郭昕、王琛、于宙、周瑰、赵春东、靳婉梅等。同时，在编写过程中还得到了许多相关专家的指导帮助，在此表示衷心感谢！

由于作者水平有限，书中疏漏在所难免，不足之处敬请广大读者批评指正。

作　者

2024 年 10 月

目　　录

第1章　直升机领航技能概述

领航技能,是指利用领航知识和经验,掌握和运用领航技术,顺利完成领航任务的能力。领航技能是学员除驾驶技能外,必须掌握的一项技能。在学员培养过程中,务必加以重视,作为重点内容进行训练。

在学员所掌握的众多领航技能当中,按照肢体动作和思维活动方面的不同工作重心,可以概括地分为领航计算技能、领航准备技能和空中领航实施技能。空中领航技能在整个飞行过程中的应用和实施,与基本驾驶技能相比更贴近于心智技能的范畴,脑力劳动成分大。当然,还有少部分的动作技能,属于手工作业式。心智技能是由一系列的心智动作构成的,而心智动作是外部实践动作的思维反映,它通过实践动作的"内化"而实现。

1.1　领航技能的构成

根据教学经验,领航技能可归纳为三大类13项。

1. 领航计算技能

领航计算是飞行人员实施空中领航的重要工作,必须熟练掌握。空中领航实施工作是以大量的领航计算数据为支撑的,比如预计数据、实测数据、应飞数据等都要经过认真仔细的计算才能完成。而这些计算既要求准确,又要求快速完成。

(1) 领航计算尺、计风仪使用技能

利用领航计算尺和计风仪进行计算是使用最广泛、最可靠的计算方法。领航计算尺是学员空中领航时的必备工具,它对准确的航行起到重要保障作用。因此,学员要理解计算尺的计算原理,熟悉计算尺的构造、尺度和刻划,牢记各项计算的尺型、求解空中风的对尺方法,熟练掌握计算尺的使用方法,以保证领航计算的准确性。

(2) 领航心算技能

领航心算技能作为飞行任务实施过程中的必备技能,在领航和飞行中起着至关重要的作用,是飞行员进行任务规划、兵力运筹、作战指挥、特情处置以及设备使用的基础。领航心算的内容主要分为心算基本数据、心算偏流地速和风、心算下一边数据、心算背台偏流、心算航迹修正五大类。

2. 领航准备技能

领航准备技能是在受领任务后,学员自己进行各项领航准备的能力。它包括:地图作业、预先领航计算、研究航线情况、制定领航计划、填写领航记录表、徒步演练、机组协同、掌握天气和航道情况、计算应飞数据等。领航准备技能要求全面而具体,学员需要独立完成,应高度重视、认真细致,准备的内容要适合空中使用。

（1）地图作业技能

地图作业技能是学员的一项基本功。它包括:标画航线基本点、画航线、标记无风数据、标记磁差、时间分划等。

地图作业技能的要求是:按程序进行,防止遗漏项目;应从严从细入手,准中求快;要保证一定的训练量;从点滴入手,培养良好的领航工作作风。

（2）制定计划技能

制定计划技能是指学员根据航行课目训练内容要求,对空中领航工作进行谋划和编排的能力。它包括:画航线和主要地标简图,标记航线数据,安排航线各点和各航段上的主要工作事项,以略图式或条文式把工作内容标记在"飞行领航计划"纸上等。

制定计划技能的要求是:制定计划要周密,抓住重点,合理安排;根据不同的航行课目或使用的设备,计划内容应有所区别;计划应切合空中实际需要,不搞"花架子",不搞无用的东西;制定计划应以研究航线为基础,按时间、地域、设备、能力安排计划内容;计划标画、书写应规范、美观、实用。

（3）地面演练技能

地面演练技能是在领航准备的基础上,学员能够利用领航模拟机、徒步演练、模仿练习、图上推演、计算机练习、座舱实习等进行模拟程序练习的能力。它包括:空中领航程序演练、领航设备使用、基本数据计算等。

地面演练技能的要求是:演练要符合空中需要,防止走过场;演练尽量逼真;设备使用要熟练。

3. 空中领航实施技能

（1）观测计算技能

观测计算技能是学员应掌握的重要技能之一。它包括:测量偏流、地速、风向风速、偏航距离、水平距离,利用计算尺计算,心算,以及各种数据连算等。

观测计算技能的要求是:尺型、公式记忆准确,计算准确且快速;要从单项学习开始,逐步过渡到几种数据连算;训练时,要加大训练量;测量时,要力求准确,并加强工具使用练习。

（2）辨认地标技能

辨认地标技能是学员在空中识别地面地标的能力,也可以说是一种特别的"识物"能力,通过一定的方法寻找计划中的地标,并确认该地标是航图上的哪一个。辨认地标包括:寻找地标的步骤、方法,确认地标的依据等。

辨认地标的要求是:正确把握开始寻找地标的时机;根据航迹逐步分析地标可能

出现的重点方位；寻找地标的方法要领正确；发现地标后要综合判断，防止认错；寻找、辨认地标要考虑当时的气象、高度、地形、季节、昼夜等因素的影响。

（3）空中定位技能

空中定位技能是学员利用观测、推算、仪表设备等确定航空器位置的能力。它包括：推算、目视、无线电及其他领航设备确定的位置等。

空中定位技能的要求是：无论是用哪种方法确定的位置，都应当准确可靠；空中定位工作十分重要，是解决其他领航问题的基础条件。学员要学会根据航行课目的特点和要求，用不同的方法来确定位置；确定位置要根据计划和实际需要进行，切忌无目的性。

（4）判修航迹技能

判修航迹技能是指学员在确定位置的基础上，对航迹进行判断、分析和修正的能力。它包括：掌握航迹的过去和现在，分析航迹的未来发展趋势和造成航迹偏差的原因，采取恰当的方法对航迹进行修正等。

判修航迹技能的要求是：判断航迹必须以确定位置为前提；判断航迹要根据当时的条件，采用多种方法综合进行判断；修正航迹要有根据，要及时、准确。

（5）使用设备技能

使用设备技能是学员对机上领航仪表设备进行操作和认读的能力。它包括：各种仪表的快速认读，设备的正常操作，利用其进行航行状态判断、数据计算等。

使用设备技能的要求是：熟悉设备的工作原理；熟练操作领航设备，无错、忘、漏动作；认读仪表要准确、快速；航行中要适时观察各仪表指示，对错误的航行诸元及时加以纠正。

（6）利用时间技能

利用时间技能是学员按照时间功能开展领航工作的能力。它包括：按时间计划、实施领航工作；按飞行时间、距离计算地速；按时间控制转弯时机；按预达时刻搜索地标；按预达时刻掌握下降时机等。航行中，要经常关注时间（时刻），学会充分利用这一关键领航要素；要准确计算和掌握预达时刻。

利用时间技能的要求是：充分认识时间在航行中的重要性，把握时间，才能把握航行的主动权；利用时间进行领航计算时，要根据航行课目要求，掌握精密度。

（7）特情应对技能

特情应对技能是指学员在空中对突发的领航异常情况进行判断和处理的能力。它包括：对领航特情的感知、发现、判断，以及领航特情的处置方法。

特情应对技能的要求是：树立安全观念；预想预防，加强地面演练；做到及时发现、准确判断、正确处置。

（8）填写记录表技能

填写记录表技能是指按照既定规范,完成领航记录表填写的能力。它包括:记录表地面和空中两部分的地名、航线角、航迹角、偏流、地速、应飞航向、高度、空速、风向风速、偏航距离、偏离角、航迹修正角、时间、时刻等预计和实测数据等,还应填写最低飞行安全高度、场压、载油量、天亮天黑时刻等,以及主要特情处置方法、标画出航、归航路线图。

填写记录表技能的要求是:填写要清晰正规,全面准确,无遗漏,无涂改;书写特情处置方法简明扼要;出归航图标画与航行实施相一致。

1.2　领航技能的界定与分类

在明确领航基本技能的概念和构成的同时,必须对其进行界定与分类。通过对领航基本技能的分类,教学训练才能更加具有目的性、可操作性和可预测性。对领航教学质量的评价,对于学员领航基本技能的培养提高具有现实意义。

领航基本技能是学员今后从事飞行职业应具有的独特能力。根据学员所经历的学习阶段,空中领航所需的技术要求把领航基本技能限定在飞行全过程,既包括地面,也包括空中。所以,领航基本技能应该是学员在整个飞行教学活动中,为顺利完成领航教学任务而具备的能力。这就要求学员不仅要在总体上努力,而且要在具体环节上下功夫。进一步来说,学员的领航基本技能,不仅要努力下功夫于空中,还要在理论学习、模拟训练和实装训练阶段的地面准备中刻苦训练;不仅要钻研思考,而且要刻苦磨炼动手;不仅要琢磨有形的,还要洞察无形的;不仅要会做,而且要做得准、做得精。

领航基本技能以心智技能为主,动作技能为辅。用心去观察、分析、判断和计算是领航基本技能的突出特点。这就要求学员在教员的示范、指导下,学会用思维去解决航行中的各种问题。总体来说,在 13 项领航基本技能中,有的掌握快,有的掌握慢;有的一劳永逸,有的需要经常练习;有的内容多、步骤复杂、容易遗忘,有的内容少、步骤简单、不易遗忘;有的需要用心,有的需要动作,有的需要合二为一;有的在地面练成,有的需要在空中练成。因此,在教学训练中教、学员应把握领航技能的特点和要求,使学员的领航基本技能得到掌握和提高。

通过上述对学员领航技能的范围界定分类,对于教、学员认识、把握领航技能的内容要求和学员领航技能的训练提高具有一定的作用和意义,其主要体现在以下几个方面。

一是使教员、学员明确各项领航技能的目标性要求。因为领航技能的分类,可以使教员、学员在教学实践中,针对各种技能的原则、标准、方法和要求,分别进行具体的学习和训练。通过教学训练,可以检查哪些技能目标达到了,哪些没有达到,问题出在哪里,差距在什么地方,这有利于领航技能的培养与提高。

二是为教员、学员提供领航技能的示范。其作用主要体现在,学员能用技能标准要求自己,并照此去做。一般来说,学员对领航技能的学习提高除了个人素质和主观努力外,一定是通过教员的传授而达到的。只有教员、学员双方的不断努力和深入的研究,才对学员领航技能的培养提高具有意义。

三是可对教学质量进行分析和评价。领航技能的训练与形成,要经过一段艰苦的过程,并由许多不同时期和阶段组成。因此,对学员领航技能做出客观准确的评价比较困难。在对领航技能进行具体分类以后,制定可操作性强的"空中领航技能评价标准"十分必要,有了标准要求,便于对每个学员领航技能掌握程度进行评价,也便于对教学质量效果进行衡量,有利于整体教学质量的提高。

1.3　领航技能的培养阶段

空中领航是理论知识和技能训练紧密结合的一项工作,具有知识面广、概念多、公式多、线角关系复杂、方法具体等特点。在学员理论教学、模拟训练和实装训练阶段,都要结合实际进行基本技能知识教学训练,根据领航技能形成规律,结合本机种(机型)、飞行区域和学员学习的特点,经常指导帮助学员进行地图作业、个人准备、地面演练、测量计算、辨认地标、空中定位、判修航迹、使用设备、利用时间、制定计划和填写记录表和特情应对等多项领航基本技能训练,以便提高学员空中领航能力和工作效率。

领航技能是一种在空中进行的复杂的特殊动作和心智技能,这种技能只有经过特殊的训练,即通过领航教学活动才能掌握。领航教学的主要任务和直接目的就是使学员获得领航技能,掌握领航技术。领航教学就是围绕掌握领航技能而展开的教与学的活动,是教员通过一定的形式和方法将领航技能传授给学员,学员通过自身的努力获取领航技能的双边活动过程。要想搞好领航教学,就必须认真分析和研究领航技能形成的特点和规律,更好地掌握领航教学的主动权。

与其他技能相比,领航技能的培养有着自身的特点和规律。领航技能以心智技能为主,与其他动作技能相比,最大的不同点在于:技能自动化定型前后始终需要大量的练习、演练、反复训练和精细准备,这样才能使领航技能逐步提高或保持相应水平。一般来说,领航技能的形成大致分为三个阶段,即认知阶段、联结阶段和定型阶段。

1. 认知阶段

可以说,认知阶段是领航技能形成前期的理论定向阶段。学员通过对领航基本理论、基础知识的系统学习,将各部分相关计算进行分解,并附上理论的详细解释,分节、分段、分步掌握,经过反复专项练习达到牢固掌握知识,熟练应用基本技能的程度。但由于此过程周期比较长,而且知识点及各项技能相对独立、抽象,学员不易直观理解,学习和掌握的过程脱离实际,操作也略显枯燥。因此该阶段的主要任务是使学员了解空中领航基础知识、相关原理、计算步骤、推导方法、理论详解、技能应用和工作程序等,此外还要了解掌握领航技能在航行中的应用,以及学习领航技能所应达到的最终目标。

知识是掌握技能的基础和条件,领航知识的理解程度在领航技能的形成过程中发挥着重要的基础性作用。反过来说,技能的表现离不开知识的运用,越是像领航这样高深复杂的技能型活动,越是需要具有丰富的知识做基础并加以恰当运用。只有经过知识学习这条必由之路,才能真正形成技能。苏联心理学家鲁宾斯坦指出:"任何技能的发展都是以知识为手段,以螺旋式的运动形态完成的。"掌握技能之前需要先学习知识、理解知识、储备知识。没有领航专业理论知识的支撑,很难真正理解和掌握领航技能,更不可能在原有技能的基础上推陈出新,促进新知识的掌握,使领航技能得到发展和提高。也可以说,没有知识,技能就如无源之水、无本之木,只是简单地模仿,很难有创新和提高。因此,知识与技能相互依存、相互促进。

2. 联结阶段

由于领航理论知识偏重于理论问题的分析、探讨和论述,与教学实践存在一定的距离,或者说在理论与实践之间还缺乏必要的联系和沟通,因此操作练习便成为整个领航技能形成的过渡和关键。

这一阶段,学员逐渐学会应用具体的办法来解决一些问题,把基础知识中的抽象性知识转化为程序性知识,以及利用一些基本算法和计算法则解决具体的问题。通过大量的操作练习,能够将各专项、各分解部分技能不断强化和逐渐交织融合,使理论性的东西变成现实,从个体到整体、从独立到全面,领航技能会随着操作练习的过程,在短期内产生质的飞跃。前期所掌握的各项基本技能相互之间会产生正向的迁移作用,使得学员领航能力迅速提高,这样的结果与练习的次数、练习质量、演练效果,以及进行模拟机、实装机飞行的次数成正比。当练习时间、次数和质量都达到一定程度时,学员就能把各项领航技能融会贯通,使领航技能大幅提升,逐步达到定型阶段,领航技能便逐步形成。

3. 定型阶段

学员通过前期的大量操作练习,获得了较丰富的经验积累,并将理论结合经验进行简化、提炼、升华和总结,完善出新的理论和观念,将领航技能融入飞行过程,对于其他技能产生正向干扰迁移,促进其他技能发挥,为领航技能的正常运用提供稳定支撑。

领航技能是随着实践和经验而发展的,需要在技能稳定后,在适当的时机进行反复练习,在反复练习(刺激)的过程中,使大脑皮层不断地接收按一定顺序出现的刺激信号,从而形成某种与之相应的暂时联系系统——内化定型。领航技能的各环节按顺序排列,当刺激信号(空中情况)出现时,就会引起一系列的反应,使领航技能的心智活动和动作技能按照一定的顺序"自动化"的一个接一个地实现,最终使领航技能得到快速稳定的提升。

1.4　领航技能的培养对策

领航技能训练,是为了使学员在理解理论知识的基础上,掌握并运用领航技术,形成独立实施空中领航的能力,这是学员培养的落脚点。搞好领航技能训练教学,是教员的重要任务,用什么教学方法才能使学员尽快掌握领航技能,关系到教学结果的成败。如果不能根据学员的个体差异,有针对性地实施教学,或教学方法不得当,那么都会影响学员对领航技能的掌握。所以,教员作为领航技能教学训练的主导者,要善于运用恰当的教学方法,由简单到复杂,由单项到多项,逐步培养学员的领航技能,为其空中领航实施打下坚实的基础。

1. 激发学员学习的积极性和主动性

完成任何学习任务均依赖于学习主体的积极性和主动性。而学习的积极性、主动性取决于主体对学习任务的自觉需求,有自觉的学习需要才能有高度的学习积极性。由于空中领航这类心智技能与日常生活联系比较少,并具有相对抽象和本身难以认知的特点,学员在学习前期很难认识其学习的必要性,无法正确认识学习动机或缺乏积极性。因此,要在教学中采取适当措施,激发学员的主观能动性,把学员推向系统学习和自觉实践的主体位置;促使学员学会应用主体知识,把书本知识转化为实践技能,熟练掌握和应用领航技能;培养学员的知识迁移能力,以及分析问题和解决问题的能力。

在知识与技能培养中,增加实践环节,如基本技能演练、模仿练习、模拟训练等,都能使学员建立完备、独立的技能原型定向映像,置身于相应的全面系统的实施练习过程。通过不断变换训练项目,变换练习演练的形式,变更模拟训练的航线和数据,使学员形成领航技能整体实施的完整印象,可在一定程度上改善其因知识技能抽象、难以认知而导致的学习积极性降低的情况。只有激发出持续、高涨的学习热情,学员才能更加积极、主动、自觉地学习领航知识与技能,在主观意识上为枯燥抽象的理论学习提供有力的主观动力支持。

2. 正确运用教学方法

在领航教学中,教员能否正确地理解、选择和运用教学方法,直接关系着教学效率的高低和教学工作的成败。在不同的领航技能培养阶段,使用的教学方法不尽相同;不同的技能细分区段,所适用的教学手段也不相同。

在理论知识定向阶段与建立原型联结操作阶段,原理概念性的部分应以语言传授为主,辅助以画图、模型、案例、挂图、动画,通过示范、演示、演练,运用讲授式、学导式、研究式、讨论式等教学方法。比如在讲解心算技能时,应重点讲解按规定程序和公式操作的原理,以及公式的推演过程,待学员切实理解后,再归纳成相对简便的公式和定理,使学员熟记并逐步用于实际情况。

在定型阶段,随着学员各项技能的逐渐熟练,并具备独立使用技能的能力,应讲练结合、以练为主、分步细训、强化练习。比如基本计算的练习、计算尺使用的强化练习、徒步演练、模拟机训练等。正确运用教学法,应注意学员的个体差异性,充分考虑学员所面临的主客观条件,针对学员存在的具体问题,采取有针对性的辅助措施;努力开展互动式教学,使学员互帮互学、自主练习,并借助各种现代化信息手段,帮助学员巩固领航技能训练成果,以求最大限度地发挥学员的潜能。

3. 加大练习和训练量

领航技能一定是在理论指导下完成的实践活动。因此,学员只有在了解、理解课本知识的基础上,经过大量的练习和航行课目的训练,才能逐步掌握领航技能。

领航技能在空中应用的时效性很强,多数情况下,处理问题的时机稍纵即逝。因此,学员需要在领航技能形成和保持过程中,保证地面有足够的练习量、空中有更多的航行课目训练时间,使领航技能极其熟练,达到极高的自动化程度。

在领航技能形成初期,涉及大量的理论原理教学,包括前期的基本功和部分基础计算应用,以及计算工具、设备的使用;这个时期学员缺乏对操作工具、设备使用的感性认识,更多注意单项工作,还不能从全局控制工作细节,领航技能掌握单一、不全面。这时就要注意学员练习的针对性、准确性,在弄清原理的基础上,使其有计划地练好单个项目和基本项目,同时在准确性上下功夫,加强对学员感知和执行能力的培养。

在领航技能形成中期,学员通过各项技能之间的交替使用,逐步掌握了一系列局部环节并开始把它们联系起来,逐渐巩固形成个人固有的基本心智技能。但整体技能结合得还不紧密,会出现从一个环节过渡到另一个环节时的短暂停顿现象,影响技能的连贯使用。随着练习量的增加和完善,学员心智得到发展和提高,客观信息刺激与思维、动作之间的联系加强,缩短了思维与动作的反应时间。同时,学员在工作进行中发现自身错误的能力增强。本阶段应侧重技能的整体性练习,以巩固和发展基础技能,提高一般技能应用过程的观察、判断、运用等综合能力。

在领航技能形成后期,学员将各项计算与设备操作结合起来,形成一个有机的系统并巩固下来,各心智活动与操作动作相互协调,能够将领航技能按照准确的顺序以连锁反应的方式呈现出来,思维与动作配合一致、连贯紧密,信息加工的准确性较强。学员在这一阶段对于单一项目的技能已没有大的问题,应注意领航技能的相互协调和完善,步步为营,稳扎稳打,建立完整技能系统,培养学员独立的领航能力。

1.5 领航技能训练的方法

1. 领航技能训练步骤

领航技能训练一般分为三个步骤:

(1)讲清学习任务和目标。要把训练项目、训练内容、训练目的、在什么地方应用、应该达到怎样的质量标准等,明确地向学员交代清楚,使学员一开始就对学习任务和学习目标有清晰的认识。

（2）进行分步讲授、讲解和示范，再由学员亲自体验。对于训练项目，要把复杂的、连贯的、完整的东西，按照先后顺序，分解成若干个单项，准确地将操作要领呈现在学员面前，通过边讲边演示，使学员弄懂怎样做；学员在此基础上观察、模仿，动手应用每一步，不断反复练习。

（3）学员先独立完成整个项目的训练过程，教员再进行总结和讲评。重要的是训练过程中，使学员学会领航技能训练的程序和方法，并通过练习，逐步掌握技能；教员应针对训练中学员的情况，进行必要的讲评，帮助学员总结经验教训，促进其领航技能的提高。

2. 领航技能训练教学方法

领航技能训练教学方法主要有：

（1）演示教学法，是指教员使用领航用具或训练器材，对某项技能进行示范、演示的过程。它能直观地将领航技能真实地展现给学员，学员按其方法一步一步地学习如何去做。例如，在地图作业时，教员演示画航线，量取航线角、航线距离，标记航线数据等，力争做到规范、准确、干净利索，然后，学员进行模仿练习。

（2）模拟教学法，是指假设空中航行可能出现的情况，按照设计好的内容和方法进行相关技能训练。它能将空中的某些情境再现出来，由教员模拟空中情况，给出航行条件和数据，学员进行模仿练习、训练。例如，练习航线第一条边的程序和计算，教员在航线起点、检查点处分别给定条件，边讲边做，学员跟上教员思路，动手跟着做，当学员学会模仿练习后，以小组为单位可以反复训练。

（3）单项训练教学法，是指将领航技能分解为若干个小项，逐一进行训练的方法。因为单项技能是全部技能的组成部分，也是技能训练的基础，只有把单项技能练好练熟，才能更好地为航行训练服务。例如，计算中的尺型训练、航线各基本点的程序训练、设备使用训练等，都属于单项训练的内容。

领航技能训练，要使学员弄清领航中的线与线、角与角之间的相互关系，学会基本做法；要使学员学会识别技能训练中的差错和自我纠正错误；要使学员在训练中摸索到规律并形成技巧；要使学员明确掌握领航技能靠的是多练习，而且必须在理论的指导下去练，知道为什么这样做，还应注意领航技能训练不应间隔过久，避免产生生疏现象。

总之，领航技能训练的教学应按照如下要求去做：

一实，即学员的理论基础要实；

二清，即技能训练方法要清，学员应达到的训练标准要清；

三熟，即通过技能训练，学员应做到领航程序熟，领航方法熟，领航设备使用熟；

四准，即学员领航测量准，领航计算准，记录数据准，地图标记准；

五快，即地图作业快，目测快，尺算快，判断快，背记快。

第 2 章   领航计算技能

2.1   领航计算尺使用技能

2.1.1   领航计算尺尺度介绍

H－4 型领航计算尺如图 2－1 所示。

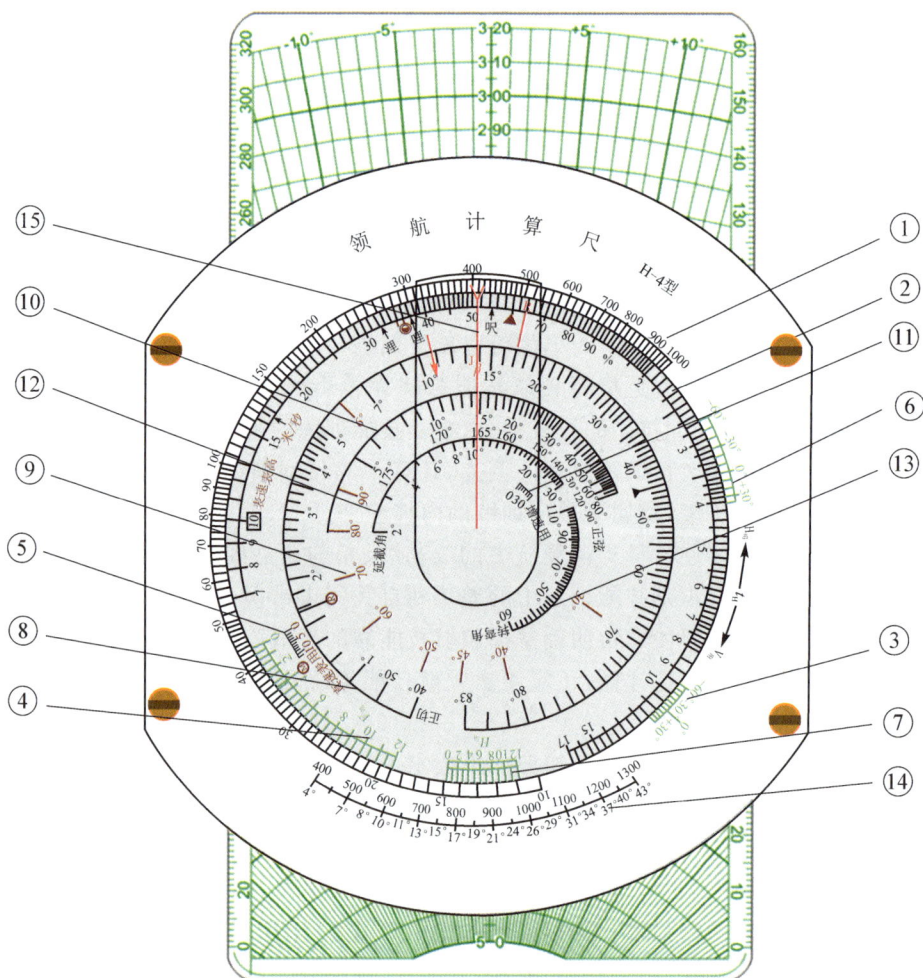

图 2－1   H－4 型领航计算尺

尺①:距离、速度尺,真速、气压高尺,常用对数尺;

尺②:时间(时、分、秒)尺,修正表速、修正表高尺;

尺③:空速用空中气温尺;

尺④:空速用标准修正表高尺;

尺⑤:真速表用标准修正表高尺;

尺⑥:高度用空中气温尺;

尺⑦:高度用标准修正表高尺;

尺⑧:正切尺;

尺⑨:蛇形转弯角尺;

尺⑩:正弦尺;

尺⑪:反抗击机动角尺;

尺⑫:延截角尺;

尺⑬:航线转弯角尺;

尺⑭:摩擦增温尺;

尺⑮:游标尺(刻有求转弯诸元的 V、β、t_J、J、R 线)。

2.1.2　领航计算尺各尺度的主要功用

1. 基本尺度

尺①"距离、速度尺"与尺②"时间尺"构成一般航行计算尺的基本尺度。

尺①与尺②主要用于进行速度、时间、距离计算,油量计算,升降诸元计算,也可以进行普通的乘除和比例计算,配合其他尺型可以进行多种计算。

尺①与尺②刻度:尺①为二节 10～100、100～1 000,其单位可根据计算的需要扩大或缩小 $10n$ 倍,尺②从 7～17,根据需要可进行时、分、秒的计算。

尺②在 60 处有红"▲"指标,用于在速度(公里/小时)、时间(时、分)、距离(公里)计算中指示时速(公里/小时)。

在 36 处有红"◎"指标,用于在速度(公里/小时)、时间(分,秒)、距离(米)计算中指示时速(公里/小时)。

在 16.67 处有"米/秒"指标,为时速(公里/小时)与秒速(米/秒)换算用。

在 100 处有"％"指标,是计算百分比的基准,即 100％的位置。

此尺尚有"呎"箭头,用于米与英尺的换算;有"哩""浬"箭头,用于公里、英里、海里之间的换算。

2. 修正空速表密度误差

尺①、尺②与尺④"空速用标准修正表高尺"、尺③"空速用空中气温尺"相配合,可进行修正空速表密度误差的计算。

尺①、尺②与尺⑤"真速表用标准修正表高尺"、尺③"空速用空中气温尺"相配合,可进行修正真速表温度误差的计算。

计算时,尺①、尺②的刻度一般扩大 10 倍。

3. 修正高度表气温误差

尺①、尺②与尺⑦"高度用标准修正表高尺"、尺⑥"高度用空中气温尺"相配合,可进行修正高度表气温误差的计算。

计算时,尺①、尺②的刻度一般扩大 100 倍。

4. 正切函数和正切关系计算

尺①与尺⑧"正切尺"相配合,可进行正切函数和正切关系的各种计算,如偏流计算,轰炸计算等,在正切角 45°刻有"▲"指标,为一般正切成正弦计算的基准。

5. 正弦函数和正弦关系计算

尺①与尺⑩"正弦尺"相配合,可进行正弦函数和正弦关系的各种计算,如航行速度三角形、无线电航行计算以及射击诸元计算等。

6. 蛇形航线绕飞时间计算

尺①与尺⑧"正切尺"、尺⑨"蛇形转弯角尺"相配合,可进行蛇形航线绕飞消磨时间的计算。

7. 准时到达计算

尺①、尺②与尺⑪"反抗击机动角尺"相配合,可进行准时到达的计算。

8. 转弯诸元计算

尺①、尺⑧与尺⑮"游标尺"相配合,可进行转弯诸元的计算。

9. 转弯弧长计算

在尺⑧"1°38′"(相当于尺②的 5.733 5)处有"Ⓡ"指标(红色),用于进行转弯弧长的计算。

2.1.3 领航计算尺的使用方法

2.1.3.1 一般数学计算

1. 乘除计算

$$a \cdot b = c \qquad (2-1)$$

乘法计算尺形如图 2-2 所示。

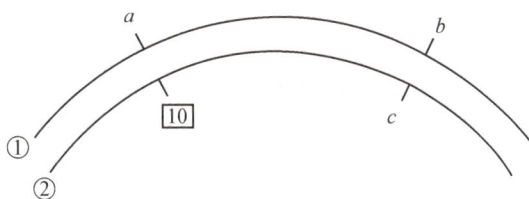

图 2 - 2　乘法计算尺形

$$b = c/a \qquad\qquad\qquad (2-2)$$

除法计算尺形如图 2 - 3 所示。

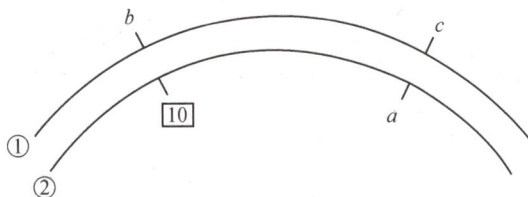

图 2 - 3　除法计算尺形

例 1　$40 \times 5 = ?$

解：(1) 尺②"10"对正尺①"40"；

(2) 尺②"50"(代 5)所对尺①"200"，即为所求之积(见图 2 - 4)。

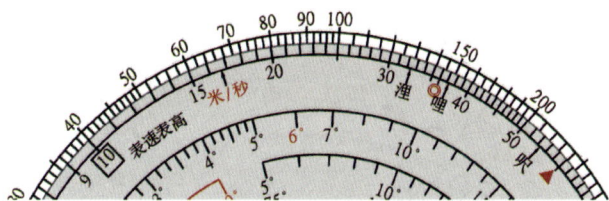

图 2 - 4　例 1 计算结果示意图

例 2　$600 \div 12 = ?$

解一：(1) 尺②"12"对正尺①"600"；

(2) 尺②"10"所对尺①"500"(代 50)，即所求之商为 50(见图 2 - 5)。

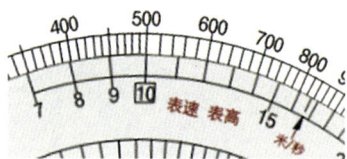

图 2-5 例 2 计算结果示意图（1）

解二：（1）尺②"10"对正尺①"120"（代 12）；

（2）尺①"600"所对尺②"50"，即为所求之商（见图 2-6）。

图 2-6 例 2 计算结果示意图（2）

例 3 $150 \div 30 \times 12 = ?$

解： 乘除联算可看作是一种先除后乘的连续计算。

（1）尺②"30"对正尺①"150"，尺②"10"所对尺①"50"（代 5），即所求之商为 5；

（2）不动尺转尺，尺②"12"所对尺①"60"，即为所求之积（见图 2-7）。

图 2-7 例 3 计算结果示意图

2. 比例计算

$$\frac{a}{b} = \frac{c}{d} \tag{2-3}$$

或

$$a : b = c : d \tag{2-4}$$

比例计算尺形如图 2-8 所示。

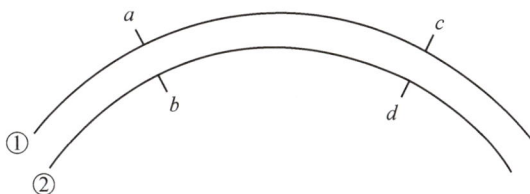

图 2 - 8　比例计算尺形

例 4　$30 : 12 = 20 : x$

解：（1）$\dfrac{30}{12} = \dfrac{20}{x}$；

（2）尺②"12"对正尺①"30"；

（3）尺①"20"所对尺②"8"，即为所求 x（见图 2 - 9）。

图 2 - 9　例 4 计算结果示意图

3. 百分比计算（百分比计算是比例计算的特例）

$$\frac{a}{b} = \frac{c}{100} \quad 或 \quad c \times \frac{b}{100} = a \tag{2 - 5}$$

例 5　求 250 的 24%。

解：（1）尺②"%"对正尺①"250"；

（2）尺②"24"所对尺①"60"，即为所求值（见图 2 - 10）。

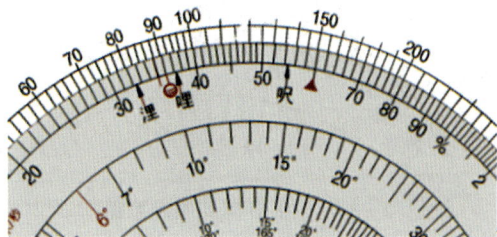

图 2 - 10　例 5 计算结果示意图

例 6　求 28 是 140 的百分之几？

解：（1）尺②"%"对正尺①"140"；

(2) 尺①"28"所对尺②"20",即 28 是 140 的 20%(见图 2-11)。

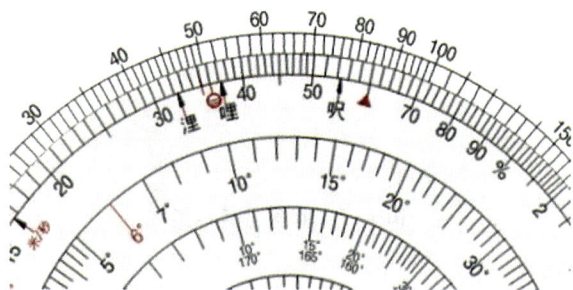

图 2-11 例 6 计算结果示意图

例 7 设命中率为 26.7%,求命中 8 枚炸弹所需投弹数。

解:(1) 尺②"26.7"对正尺①"80"(代 8);

(2) 尺②"%"所对尺①"300"(代 30),即需投弹 30 枚(见图 2-12)。

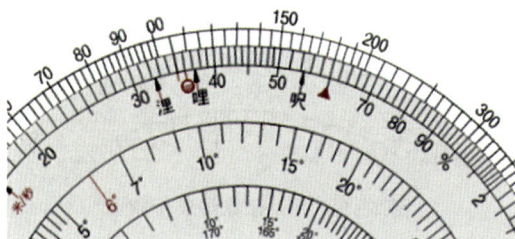

图 2-12 例 7 计算结果示意图

例 8 最大续航时间为 1 h 20 min,规定飞行时间为其 65%,求允许飞行时间。

解:(1) 尺②"80"(代 1 h 20 min)对正尺①"100";

(2) 尺①"65"所对尺②"52",即为允许飞行时间 52 min(见图 2-13)。

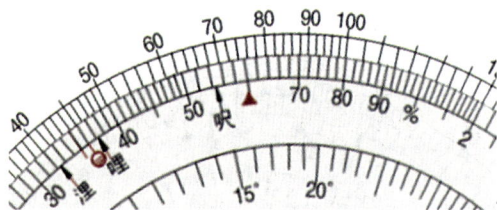

2-13 例 8 计算结果示意图

2.1.3.2 航行计算

1. 速度(km/h)、时间(min、h)、距离(km)的计算(▲)

公式:

$$\frac{S(\mathrm{km})}{t(\mathrm{min})} = \frac{V(\mathrm{km/h})}{60}$$

(2-6)

速度、时间、距离(三角指标)计算尺形如图2-14所示。

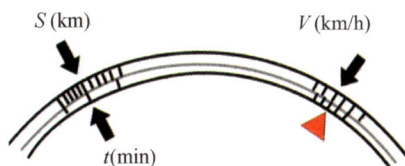

图 2-14　速度、时间、距离(三角指标)计算尺形

口诀:三角指标对速度,距离对时间。

注意:此尺型适用于时间 7 min 以上的换算。

例 9　已知距离 50 km,时间 25 min,求速度。

解:(1) 尺②"25"对正尺①"50";

(2) 尺②"▲"所对尺①"120",即为速度 120 km/h(见图 2-15)。

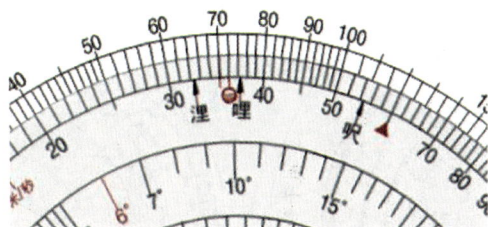

图 2-15　例 9 计算结果示意图

例 10　已知速度 180 km/h,距离 72 km,求时间。

解:(1) 尺②"▲"对正尺①"180";

(2) 尺①"72"所对尺②"24",即为时间 24 min(见图 2-16)。

图 2-16　例 10 计算结果示意图

例 11　已知速度 200 km/h,时间 2 h 15 min,求距离。

解:(1) 尺②"▲"对正尺①"200";

(2) 尺②"2 h 15 min"所对尺①"450",即为距离 450 km(见图 2-17)。

图 2-17 例 11 计算结果示意图

例 12 前机早起飞 8 min，速度 180 km/h，后机起飞以速度 240 km/h 追赶，求追及时间。

解一： $\Delta V=(240-180)$ km/h＝60 km/h。

（1）尺②"▲"对正尺①"180"；

（2）游标线压尺②"8"（代 8 min），对尺①"24"；

（3）尺②"▲"对正尺①"60"，游标线压尺②"24"（代 24 min），即为追及时间 24 min（见图 2-18）。

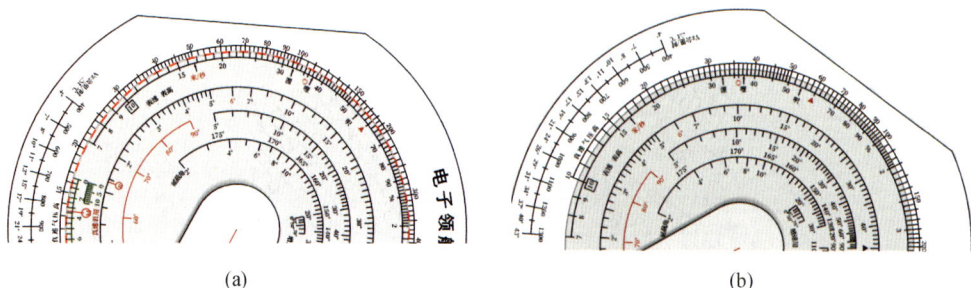

(a)　　　　　　　(b)

图 2-18 例 12 计算结果示意图(1)

解二： $\Delta V=(240-180)$ km/h＝60 km/h。

$$\frac{\Delta V}{\Delta t}=\frac{V}{t}$$

$$\frac{60}{8}=\frac{180}{t}$$

（1）尺②"8"（代 8 min）对正尺①"60"；

（2）尺①"180"所对尺②"24"（代 24 min），即为追及时间 24 min（见图 2-19）。

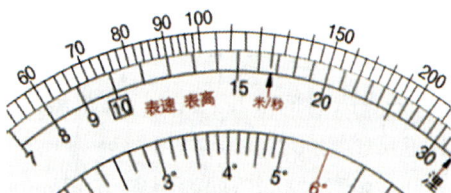

图 2-19 例 12 计算结果示意图(2)

例 13　某机群以表速 240 km/h 飞行,最后一梯队奉命向后疏散 15 min 后的间隔,可用最小表速 160 km/h 飞行,求疏开时间。

解:$\Delta V=(240-160)$ km/h$=80$ km/h。

(1) 尺②"15"对正尺①"80";

(2) 尺①"240"所对尺②"45",即为疏开时间 45 min(见图 2-20)。

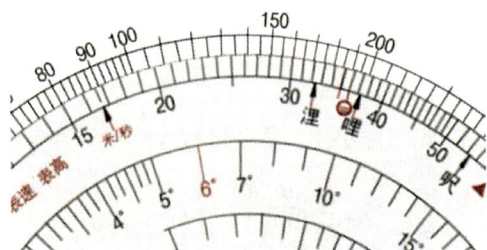

图 2-20　例 13 计算结果示意图

使用尺①与尺②又可做油量计算,道理和方法与速度计算完全相同。

例 14　飞行时间 1 h 30 min,耗油量 495 L,求耗油率。

解:(1) 尺②"90"(代 1 h 30 min)对正尺①"495";

(2) 尺②"▲"所对尺①"330",即为耗油率 330 L/h(见图 2-21)。

图 2-21　例 14 计算结果示意图

2. 速度(km/h)、时间(s)、距离(m)的计算(◎)

由于 1 m/s 相当于 3.6 km/h,所以把以 m/s 为单位的速度,换成以 km/h 为单位的速度,需要乘以 3.6,即

$$V(\text{km/h})=\frac{S(\text{m})}{t(\text{s})}\times 3.6 \tag{2-7}$$

$$\frac{V(\text{km/h})}{3.6}=\frac{S(\text{m})}{t(\text{s})} \tag{2-8}$$

此公式可以进行三种变换,对应三种尺型。

公式一:

$$\frac{100S(\text{km})}{t(\text{s})}=\frac{V(\text{km/h})}{36(\text{s})} \tag{2-9}$$

尺形一如图 2-22 所示。

口诀:圆指标对速度,缩小 100 倍读距离的公里数。

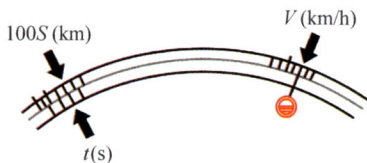

图 2 - 22　速度、时间、距离(圆指标)计算尺形(1)

例 15　已知速度 200 km/h,飞行时间 9 s,求距离。

解：(1) 尺②"◉"对正尺①"200";

(2) 尺②"9"所对尺①"50"(缩小 100 倍公里数),即距离为 0.5 km(见图 2 - 23)。

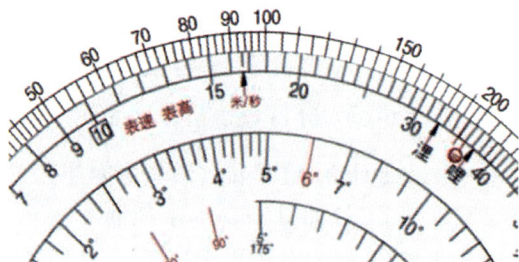

图 2 - 23　例 15 计算结果示意图

例 16　已知直升机用 18 s 的时间飞行 0.1 km,求地速。

解：(1) 尺②"18"对正尺①"10"(扩大 100 倍换算为计算尺上数据);

(2) 尺②"◉"所对尺①20,即地速为 20 km/h(见图 2 - 24)。

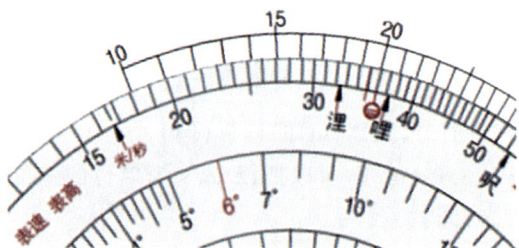

图 2 - 24　例 16 计算结果示意图

例 17　某直升机速度 180 km/h,求飞行 0.6 km 的距离需多少时间。

解：(1) 尺②"◉"对尺①"180";

(2) 尺①"60"(扩大 100 倍对尺)所对尺②"12",即所需时间为 12 s(见图 2 - 25)。

公式二：

$$\frac{\frac{S}{10}(\mathrm{m})}{t(\mathrm{s})} = \frac{V(\mathrm{km/h})}{36(\mathrm{s})} \tag{2-10}$$

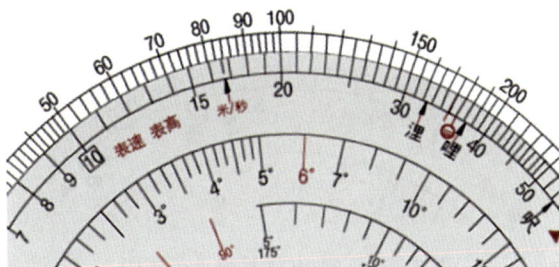

图 2 - 25　例 17 计算结果示意图

尺形二如图 2 - 26 所示。

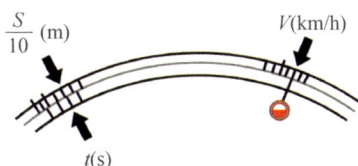

图 2 - 26　速度、时间、距离(圆指标)计算尺形(2)

口诀:圆指标对速度,扩大 10 倍读距离的米数。

注意:尺型一和尺型二适用于时间在 1 min 以下的换算。

例 18　已知速度 200 km/h,飞行时间 9 s,求距离。

解:(1) 尺②"⊜"对正尺①"200";

(2) 尺②"9"所对尺①"50"(扩大 10 倍读米数),即距离为 500 m(见图 2 - 27)。

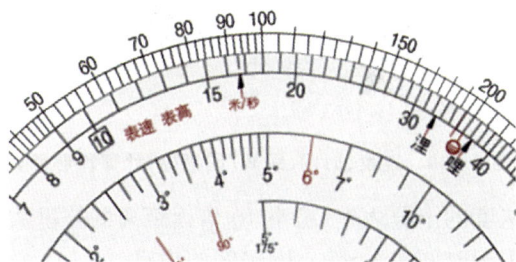

图 2 - 27　例 18 计算结果示意图

例 19　已知直升机用 18 s 的时间飞行 100 m,求地速。

解:(1) 尺②"18"对正尺①"10"(缩小 10 倍换算为计算尺上数据);

(2) 尺②"⊜"所对尺①"20",即地速为 20 km/h(见图 2 - 28)。

例 20　某直升机速度为 180 km/h,求飞行 600 m 的距离需多少时间。

解:(1) 尺②"⊜"对正尺①"180";

(2) 尺①"60"(缩小 10 倍对尺)所对尺②"12",即所需时间为 12 s(见图 2 - 29)。

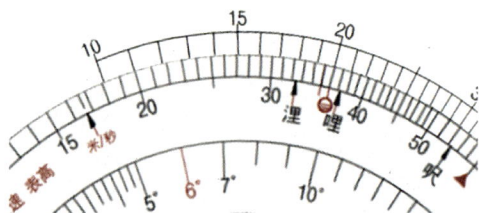

图 2 - 28　例 19 计算结果示意图

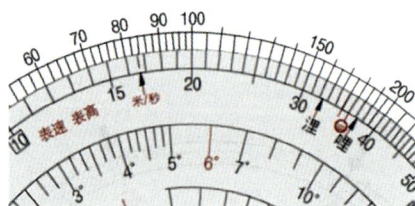

图 2 - 29　例 20 计算结果示意图

公式三：

$$\frac{\frac{V}{10}(km/h)}{36(s)} = \frac{10S(km)}{t(s)} \qquad (2-11)$$

尺形三如图 2 - 30 所示。

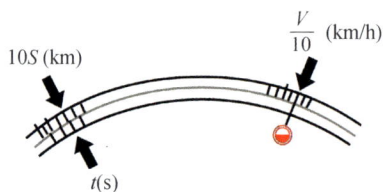

图 2 - 30　速度、时间、距离(圆指标)计算尺形(3)

口诀：圆指标对速度的十分之一，缩小 10 倍读距离的公里数。

注意：尺型三适用于时间在 1～7 min 之间的换算。

例 7　某直升机速度为 160 km/h，飞行时间 4 min 30 s，求距离。

解：(1) 尺②"◉"对正尺①"16"(速度缩小 10 倍)；

(2) 尺②"4 min 30 s"所对尺①"120"，即所飞距离为 12 km(缩小 10 倍读距离的公里数，见图 2 - 31)。

例 22　某直升机速度为 160 km/h，飞过距离 12 km，求飞行时间。

解：(1) 尺②"◉"对正尺①"16"(速度缩小 10 倍)；

(2) 尺①"120"(扩大 10 倍对尺)所对尺②"4 min 30 s"，即飞行时间 4 min 30 s(见图 2 - 32)。

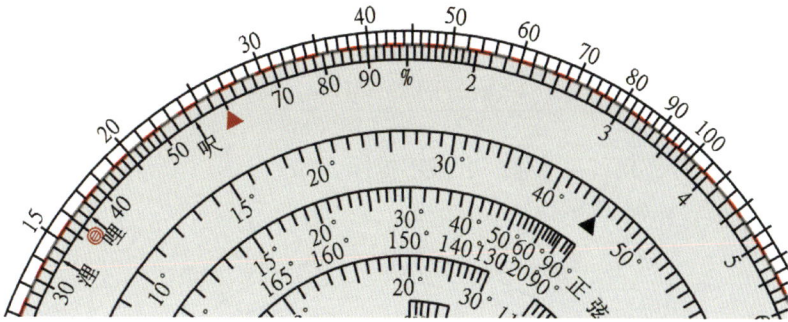

图 2-31 例 21 计算结果示意图

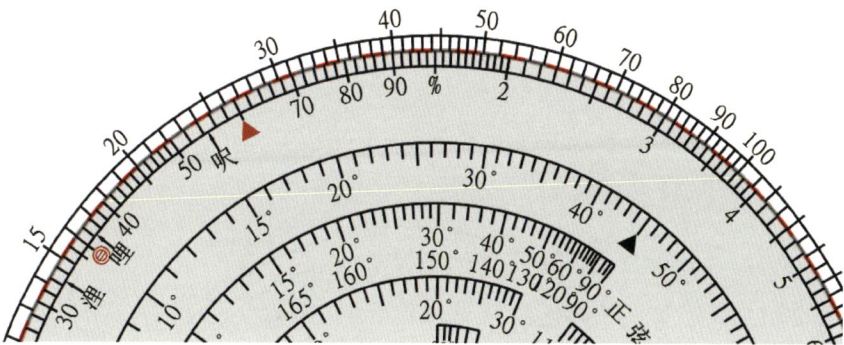

图 2-32 例 22 计算结果示意图

例 23 某直升机 4 min 30 s 飞过距离 12 km,求速度。

解:(1)尺②"4 min 30 s"对正尺①"120"(扩大 10 倍对尺);

(2)尺②"⊚"所对尺①"16"(扩大 10 倍读速度),即速度为 160 km/h(见图 2-33)。

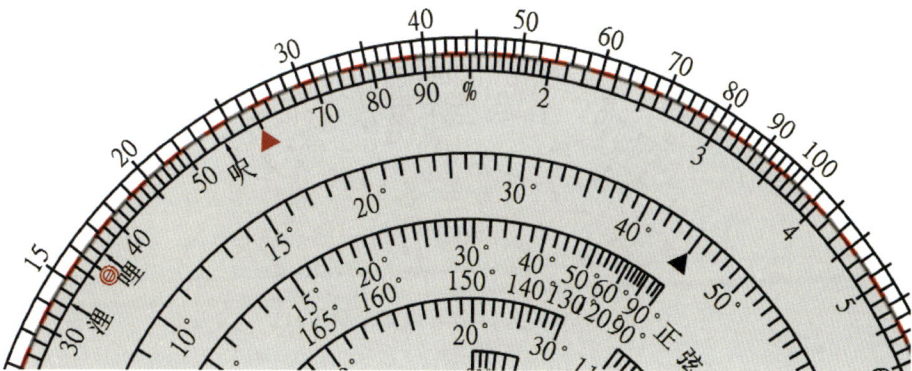

图 2-33 例 23 计算结果示意图

3. 时速(km/h)与秒速(m/s)的换算

公式一：

$$\frac{V(\text{km/h})}{60} = \frac{V(\text{m/s})}{16.6667}$$

(2-12)

在尺②"时间尺"16.7 处刻有"米/秒"指标。

尺形一如图 2-34 所示。

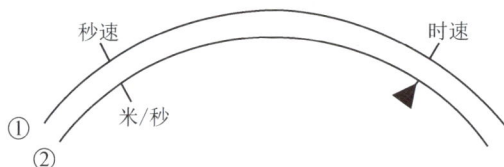

图 2-34　时速与秒速换算尺形(1)

公式二：

$$V(\text{km/h}) = 3.6V(\text{m/s})$$

(2-13)

尺形二如图 2-35 所示。

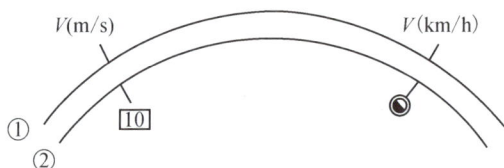

图 2-35　时速与秒速换算尺形(2)

例 24　已知时速 160 km/h,求秒速。

解一：(1) 尺②"▲"对正尺①"160";

(2) 尺②"米/秒"所对尺①"44",即为秒速 44 m/s(见图 2-36)。

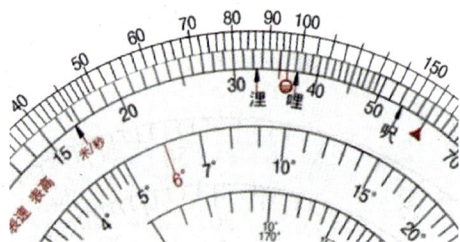

图 2-36　例 24 计算结果示意图(1)

解二：(1) 尺②"◉"对正尺①"160";

(2) 尺②"10"所对尺①"44",即为秒速 44 m/s(见图 2-37)。

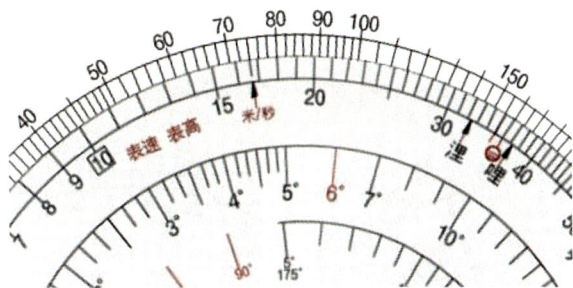

图 2 - 37　例 24 计算结果示意图(2)

4. 活动半径

比例式:

$$\frac{W_{返}}{t_{出}} = \frac{W_{出} + W_{返}}{T} \qquad (2-14)$$

$$\frac{W_{出}}{60} = \frac{R_{活}}{t_{出}} \qquad (2-15)$$

式中:$W_{出}$ 为出航地速;$W_{返}$ 为返航地速;T 为载油可供航线飞行时间;$t_{出}$ 为出航极限时间;$R_{活}$ 为活动半径。

尺形如图 2 - 38 所示。

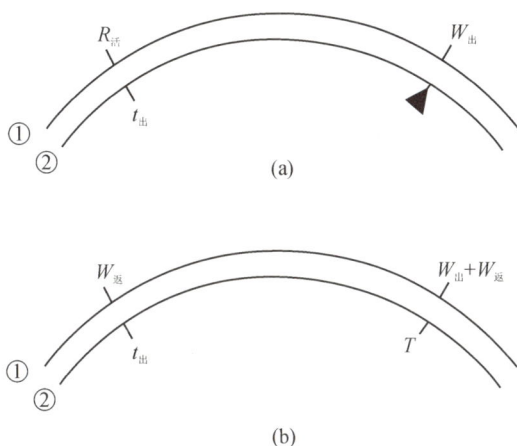

图 2 - 38　活动半径计算尺形

先依尺形线求出 $t_{出}$,再求出活动半径。

例 25　某直升机出航地速为 220 km/h,返航地速为 180 km/h,载油可供航线飞行时间为 3 h 10 min,求活动半径(见图 2 - 39)。

解:(1) $W_{出} + W_{返} = (220 + 180)$ km/h = 400 km/h;

(2) 尺②"3 h 10 min"对正尺①"400";

(3) 尺①"180"所对尺②"86"(代 1 min 26 s),即为出航极限时间 1 h 26 min;

(4) 尺②"▲"对正尺①"220"(代 220);

(5) 尺②"86"(代 1 min 26 s)所对尺①"310"(代 310),即为活动半径 310 km。

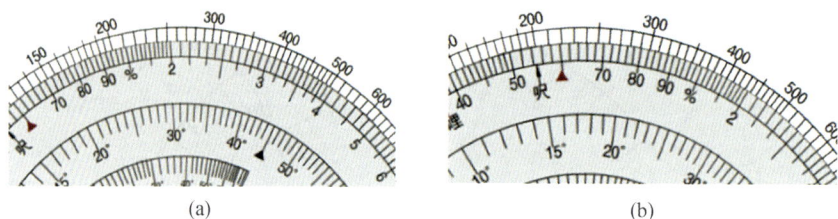

(a)   (b)

图 2 - 39 例 25 计算结果示意图

5．升降计算

利用尺②的"米/秒"指标计算。

比例式:

$$\frac{S(\text{km})}{t(\text{min})} = \frac{V_{\text{升降}}(\text{km/h})}{60} = \frac{V_y(\text{m/s})}{16.67} \tag{2-16}$$

在尺②"时间尺"16.67 处刻有"米/秒"指标。

尺形如图 2 - 40 所示。

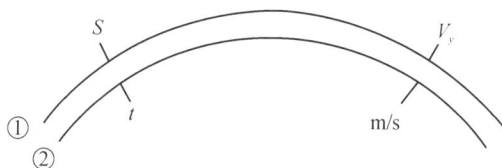

图 2 - 40 升降计算尺形

例 26 以 5 m/s 的下降率,下滑 10 min,求下降高度。

解:(1) 尺②"米/秒"对正尺①"50"(代 5 m/s);

(2) 尺②"10"所对尺①"30"(代 3 km),即为下降高度 3 000 m(见图 2 - 41)。

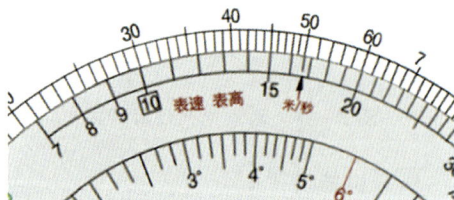

图 2 - 41 例 26 计算结果示意图

例 27 需要在 10 min 内上升 2 100 m,求上升率。

解:(1) 尺②"10"对正尺①"210"(代 2 100 m);

（2）尺②"米/秒"所对尺①"350"（代 3.5），即为上升率 3.5 m/s（见图 2 - 42）。

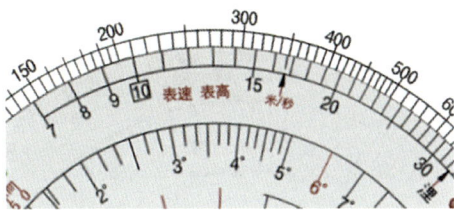

图 2 - 42　例 27 计算结果示意图

2.1.3.3　公制、英制长度单位换算

1. 公里、海里、英里的换算

尺形如图 2 - 43 所示。

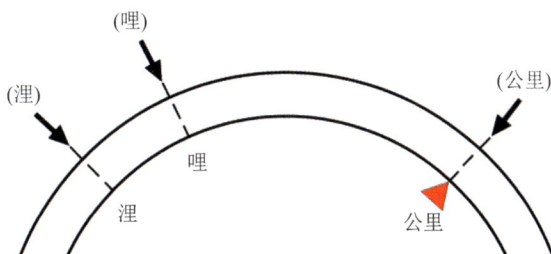

图 2 - 43　公制、英制长度单位换算尺形

例 28　某直升机速度为 120 海里/小时，求 20 min 飞行多少公里。

解：（1）尺②"浬"对正尺①"120"；

（2）尺②"20"所对尺①"74"，即为飞行距离 74 km（见图 2 - 44）。

图 2 - 44　例 28 计算结果示意图

例 29　某直升机 18 min 飞行 54 km，求时速为多少公里、海里、英里。

解：（1）尺②"18"对正尺①"54"；

（2）从尺②"浬""哩""▲"指标分别读出时速 97 海里/小时、113 英里/小时和 180 km/h（见图 2 - 45）。

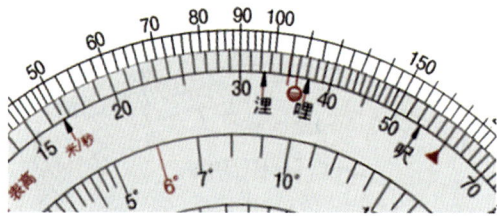

图 2 - 45　例 29 计算结果示意图

2. 米和英尺的换算

尺形如图 2 - 46 所示。

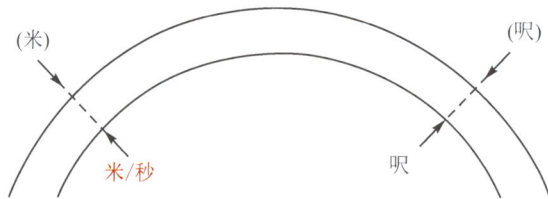

图 2 - 46　米、英尺长度单位换算尺形

例 30　求 460 英尺为多少米。

解：（1）尺②"呎 "对正尺①"460"，

（2）尺②"米/秒"所对尺①为 140 m（见图 2 - 47）。

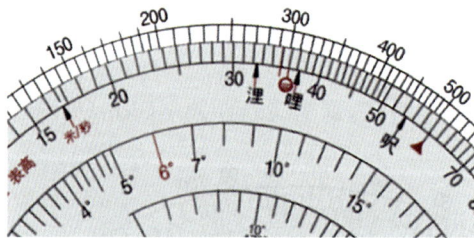

图 2 - 47　例 30 计算结果示意图

2.1.3.4　正切计算

在正切 45°处刻有黑"▲"指标。

$$\tan \alpha = \frac{A}{B} \quad \tan 45° = 1 \qquad (2-17)$$

尺形如图 2 - 48 所示。

例 31　求 tan 15°的函数值。

解：（1）尺①"100"，转尺⑧正切尺"▲"与其对正；

（2）尺⑧"15°"所对尺①"26.8"（代 0.268），即为 tan 15°的函数值 0.268（见图 2 - 49）。

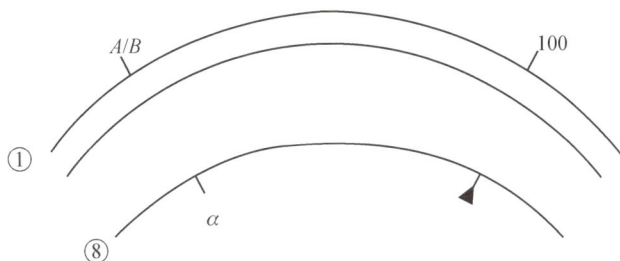

图 2-48　正切计算尺形

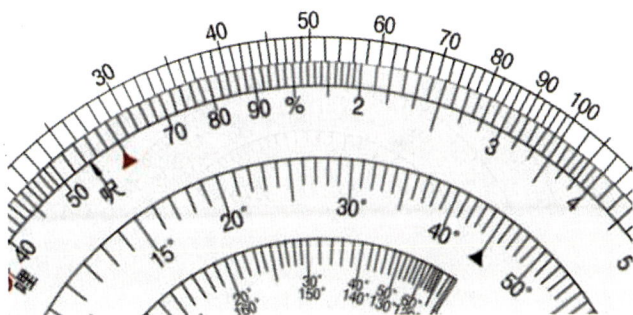

图 2-49　例1计算结果示意图

例 32　解 $\triangle ABC$，$a=21$，$b=200$，求 $\angle A$ 为多少度（见图 2-50 例 32 计算结果示意图）。

解：

$$\tan A = \frac{a}{b} = \frac{21}{200}, \quad 即 \quad \frac{21}{\tan A} = \frac{200}{\tan 45°}$$

(1) 尺①"200"，转尺⑧"▲"与其对正，

(2) 尺①"21"所对尺⑧"6°"为 $\angle A$。

1. 正切计算的应用

(1) 计算偏航角、偏离角和偏航角系数、偏离角系数

公式：

$$\tan PH = \frac{S_{偏}}{S_己} \Rightarrow \frac{S_{偏}}{\tan PH} = \frac{S_己}{\tan 45°} \Rightarrow \frac{10}{10\tan K_{PH}} = \frac{S_己}{\tan 45°} \qquad (2-18)$$

$$\tan LJ = \frac{S_{偏}}{S_未} \Rightarrow \frac{S_{偏}}{\tan LJ} = \frac{S_未}{\tan 45°} \Rightarrow \frac{10}{10\tan K_{LJ}} = \frac{S_未}{\tan 45°} \qquad (2-19)$$

尺形如图 2-51 和图 2-52 所示。

(a)

(b)

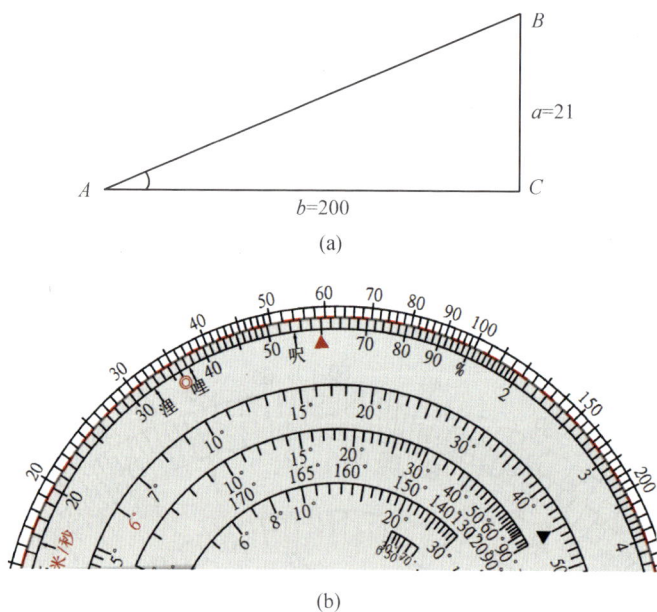

图 2－50　例 32 计算结果示意图

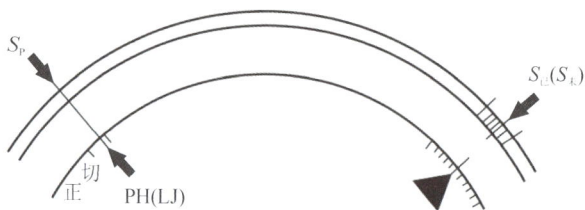

图 2－51　偏航角、偏离角计算尺形

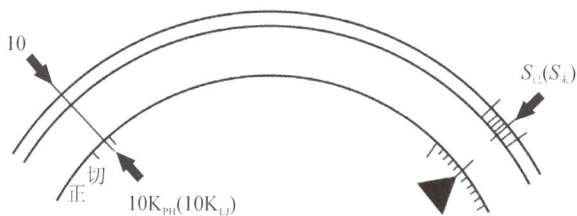

图 2－52　偏航角系数、偏离角系数计算尺形

例 33　某机已飞距离($S_{已}$)65 km,偏航距离($S_{偏}$)3 km,求偏航角(PH)。

解：

$$\tan PH = \frac{S_{偏}}{S_{已}} = \frac{3}{65}$$

(1) 尺①"650"(代 65),转尺⑧"▲"与其对正;

（2）尺①"30"（代 3）所对尺⑧"2°38′"，即为偏航角（见图 2-53）。

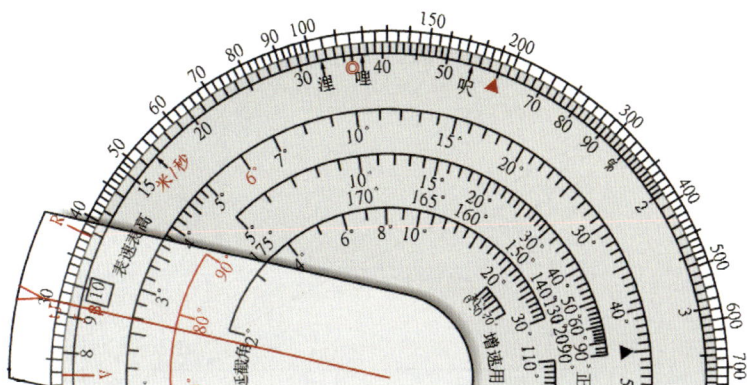

图 2-53　例 33 计算结果示意图

例 34　某航线,已飞距离 40 km,未飞距离 70 km,求 K_{PH} 和 K_{LJ}?

解:（1）尺①"40"（代已飞距离）,转尺⑧"▲"与其对正;

（2）尺①"10"所对尺⑧"14°",即缩小 10 倍为偏航角 1.4°（见图 2-54(a)）;

（3）尺①"70"（代未飞距离）,转尺⑧"▲"与其对正;

（4）尺①"10",所对尺⑧"8°",即缩小 10 倍为偏离角 0.8°（见图 2-54(b)）。

(a)

(b)

图 2-54　例 34 计算结果示意图

（2）地标定位中计算水平距离

直升机与地标之间的水平距离,可根据观察地标时的垂直观测角（ZG）和直升机当时的飞行高度来测定。垂直观测角（ZG）是飞行员观测地标的观测线与铅垂线之间的夹角。

从图 2 - 55 可以看出，水平距离（$S_{水平}$）与垂直观测角（ZG）、飞行高度（$H_{真}$）的关系。

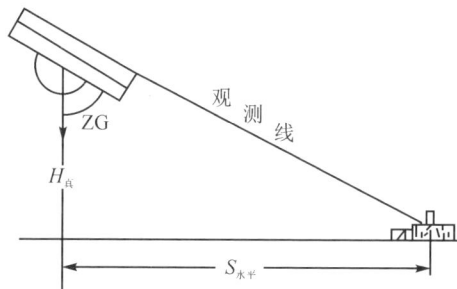

图 2 - 55　侧方地标水平距离与垂直观测角的关系

公式：

$$\tan ZG = \frac{S_{水平}}{H_{真}} \Rightarrow \frac{S_{水平}}{\tan ZG} = \frac{H_{真}}{\tan 45°} \tag{2 - 20}$$

尺形如图 2 - 56 所示。

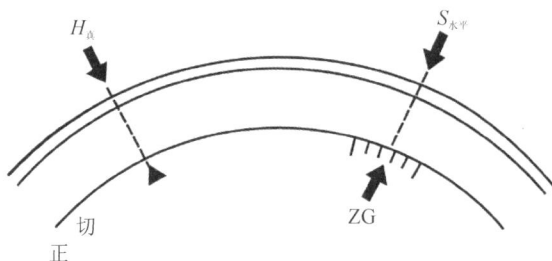

图 2 - 56　地标定位的水平距离计算尺形

例 35　直升机飞行高度是 1 500 m，飞行员于 8:14 看到甲地在直升机左侧，垂直观测角为 63.5°，求直升机与甲地的水平距离？

解：（1）尺①"15"（代飞行高度 1 500 m），转尺⑧"▲"与其对正；

（2）尺⑧"63.5°"所对尺①"30"，扩大 100 倍即为水平距离 3 000 m（见图 2 - 57）。

（3）穿云计算中计算修正角

例 36　背台飞行速度为 180 km/h，时间 4 min，转弯半径为 1.5 km，求修正角 α。

图 2 - 57 例 35 计算结果示意图

解一:

$$\tan\frac{\alpha}{2} = \frac{R}{S_背} = \frac{1.5}{12}$$

(1) 尺⑧"▲"对正尺①"120"(代 12);

(2) 游标线压尺①"15"(代 1.5),所对尺⑧为"7°"(见图 2 - 58);

(3) 因 $\frac{\alpha}{2}=7°$,故修正角 $\alpha=14°$。

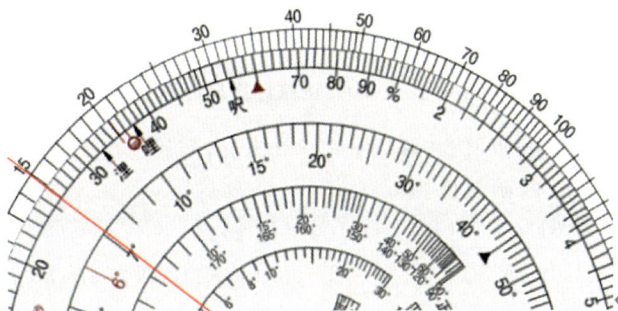

图 2 - 58 例 36 计算结果示意图

解二:利用正切尺"6°"(红色),也可以求出修正角。

$$\frac{t_背(s)}{\tan 6°} = \frac{V_背(km/h)}{\tan\frac{\alpha}{2}} \tag{2-21}$$

注意:此方法仅适用于坡度 15°。

尺形如图 2 - 59 所示。

2.1.3.5 正弦计算

公式:

$$\frac{\sin\alpha}{a} = \frac{\sin\gamma}{b} \tag{2-22}$$

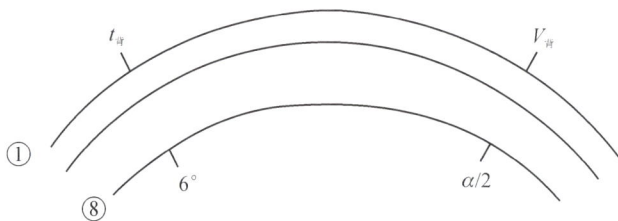

图 2 – 59 15°坡度穿云修正角计算尺形

$\sin 90° = 1$，当 $\gamma = 90°$（直角）时，$\sin \alpha = \dfrac{a}{b}$，$\arcsin \dfrac{a}{b} = \alpha$。

尺形如图 2 – 60 所示。

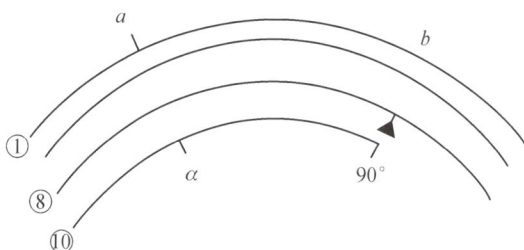

图 2 – 60 正弦计算尺形

正弦尺⑩"90°"同正切尺⑧"▲"刻在一条线上，与尺①配合可进行正弦计算。

例 37 求 $\sin 30°$ 的函数值。

解：（1）正弦尺⑩"90°"对正尺①"100"（代 1）；

（2）移游标线压尺⑩"30°"，所对尺①"50"（代 0.5）即为 $\sin 30°$ 的函数值 0.5（见图 2 – 61）。

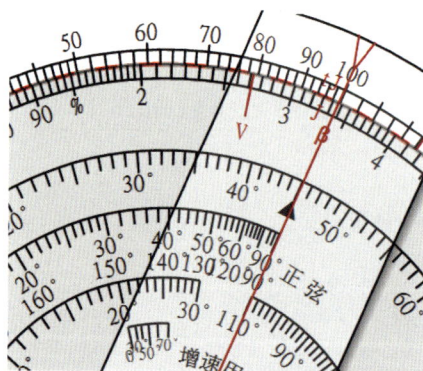

图 2 – 61 例 37 计算结果示意图

例 38 已知 △ABC 的 $\angle A = 40°$，$a = 50$，$b = 70$，求 $\angle B$、$\angle C$ 和 c。

解：按正弦定理$\dfrac{50}{\sin 40°}=\dfrac{70}{\sin B}=\dfrac{c}{\sin C}$。

（1）尺⑩"40°"对正尺①"50"；

（2）尺①"70"所对尺⑩"64°"，即为$\angle B$；

（3）$\angle C=180°-\angle A-\angle B=76°$；

（4）尺⑩"76°"所对尺①"76"，即为c（见图2-62）。

图2-62　例38计算结果示意图

2.1.3.6　转弯诸元计算

基本公式：

$$R=\frac{V^2}{g\times\tan\gamma} \tag{2-23}$$

$$t_{ZW}=\frac{t_{360°}}{360}ZW \tag{2-24}$$

$$t_{360°}=\frac{2\pi R}{V} \tag{2-25}$$

式中：R为转弯半径；γ为转弯坡度；t_{ZW}为转某一角度（ZW）的转弯时间；ZW为转弯角度；$t_{360°}$为转360°的时间。

对于H-4型领航计算尺，一次拉尺就可以同时求出转弯半径和转弯时间。

1. 计算转弯时间

公式：

$$\frac{t_{360°}}{\tan 10°05'}=\frac{V}{\tan\gamma} \tag{2-26}$$

刻尺时，把尺②的"◉"与正切尺"10°05′"刻在同一条半径线上，当V与$\tan\gamma$对正后，"◉"所对尺①为"$t_{360°}$"（见图2-63）。"◉"可当成360的转弯角，则10、20、…可代100°、200°、…的转弯角，所以10、20、…所对尺①，就是100°、200°、…转弯角的$t_{100°}$、$t_{200°}$、…

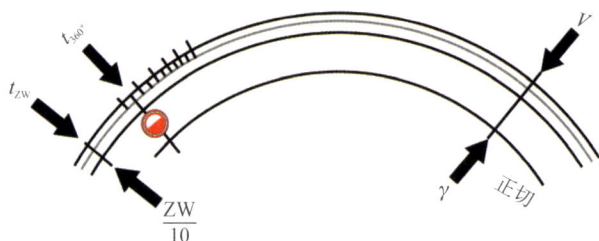

图 2-63 转弯时间计算尺形

2. 计算转弯半径

将 $g = 9.8 \text{ m/s}^2 = 127 \times 10^3 \text{ km/h}^2$ 代入下式：

$$R = \frac{V^2}{g \tan \gamma} = \frac{V^2}{127 \times 10^3 \tan \gamma} \qquad (2-27)$$

则

$$\frac{R}{\dfrac{V}{127 \times 10^3}} = \frac{V}{\tan \gamma} \qquad (2-28)$$

式(2-28)是一般计算尺求转弯半径 R 的公式。用 H-4 计算尺求 R 有它的特殊点：

由于求 $t_{360°}$ 时，已把 $\tan 10°05'$ 和尺②上的"◎"指标刻在同一条线上，就等于把 $\tan 10°05'$ 的函数值由 0.178 变成为 36，扩大 202 倍。因此，其他角度的正切函数值，也在尺②上相应地扩大 202 倍。这样式(2-28)就可写成：

$$\frac{R \times 10^2}{1.59 \times \dfrac{V}{10}} = \frac{V}{\tan \gamma} \qquad (2-29)$$

式(2-29)是 H-4 型计算尺求 R 的刻尺公式。

尺形如图 2-64 所示。

例 39 设速度为 180 km/h，坡度为 15°，转弯角度为 80°，求转弯半径和 180° 所需的转弯时间。

解：(1) 游标线 V 压尺①"180"(代 180)，转尺⑧"15°"与其对正；

(2) 再移动游标左边的"V 短线"压尺②"18"(代 650)，在游标右边"R 短线"处读尺①"94"，即为转弯半径 0.94 km；

(3) 尺②"18"代(180°)所对尺①"60"，即 180° 所需的转弯时间是 60 s(见图 2-65)。

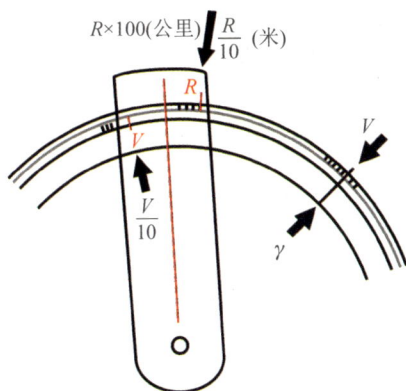

图 2-64 转弯半径计算尺形

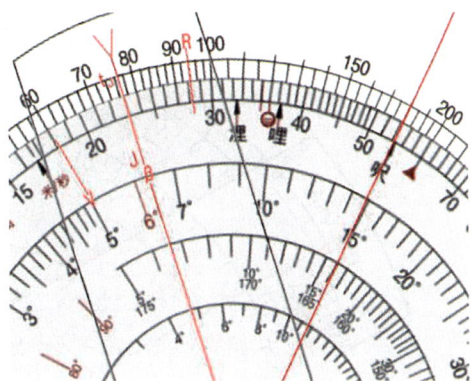

图 2-65 例 39 计算结果示意图

3. 计算转弯弧长

公式：

$$S_{ZW} = \frac{2\pi R}{360°} ZW = \frac{R}{57.3} ZW \qquad (2-30)$$

$$\frac{S_{ZW}}{ZW} = \frac{R}{57.3} \Rightarrow \frac{10S_{ZW}}{ZW} = \frac{R}{5.73} \qquad (2-31)$$

刻尺时，做如下变更：

由于尺②上"5.73"已在刻度之外，因此把正切尺⑧上与尺②"5.73"相对处刻上"Ⓡ"指标（见图 2-66）。

尺形如图 2-66 所示。

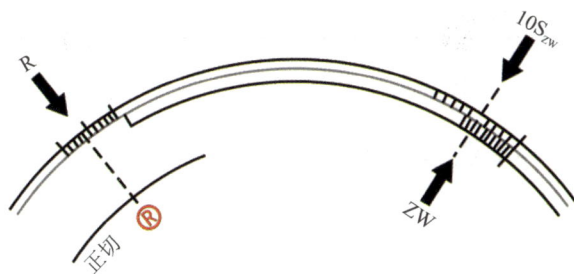

图 2-66 转弯弧长计算尺形

例 40 已知转弯半径 1.2 km，转弯角 60°，求弧长。

解：（1）正切尺⑧"Ⓡ"对正尺①"12"（代 1.2）；

（2）尺②"60"（代 60°）所对尺①"125"（代 1 250），即弧长 1 250 m（见图 2-67）。

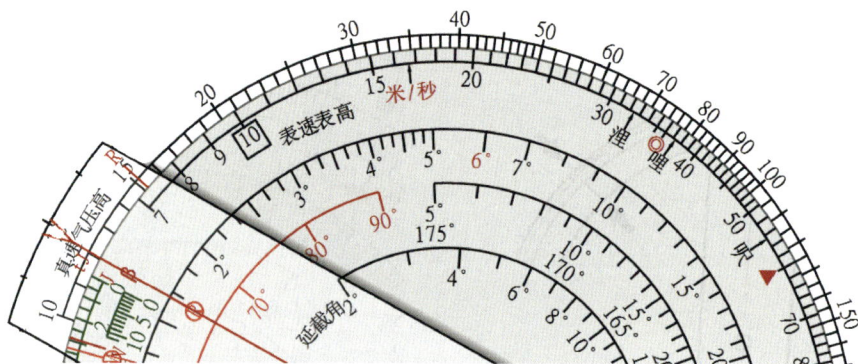

图 2 - 67 例 40 计算结果示意图

2.1.3.7 准时到达计算

1. 在预定时间内,按预定速度修正量调整速度准时到达

如图 2 - 68 所示,在 A 点判定时刻误差为 Δt,设在 A 点前的地速为 W,A 点后的地速修正量为 ΔW,则调整后的地速为 $W + \Delta W$,经过飞行时间 t 后到达 B 点,调速后的飞行距离为

$$S = (W + \Delta W)t \tag{2-32}$$

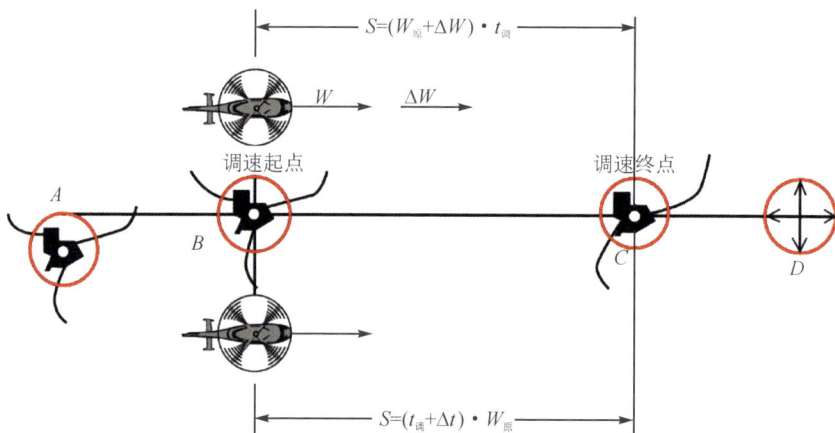

图 2 - 68 按预定速度修正量调整速度

设在 A 点不调速(即地速仍为 W),经过飞行时间 $t + \Delta t$ 后,到达 B 点,即

$$S = W(t + \Delta t) \tag{2-33}$$

则

$$(W + \Delta W)t = W(t + \Delta t) \Rightarrow \Delta Wt = W\Delta t \tag{2-34}$$

$$\frac{\Delta W}{\Delta t} = \frac{W}{t} \tag{2-35}$$

式(2-35)为这种方法的计算公式。

尺形如图 2-69 所示。

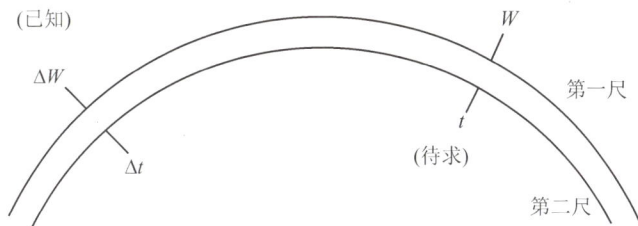

图 2-69 预定速度修正量计算尺形

按预定速度修正量调整速度准时到达,就是根据事先预定的地速修正量求调速后的飞行时间。

例 41 原地速 200 km/h,早到 1 min,准备将地速减小 40 km/h,求调速后的飞行时间。

解:(1)尺②"60"(代 1 min)对正尺①"40";

(2)尺①"200"所对尺②"5",即为调速飞行时间 5 min(见图 2-70)。

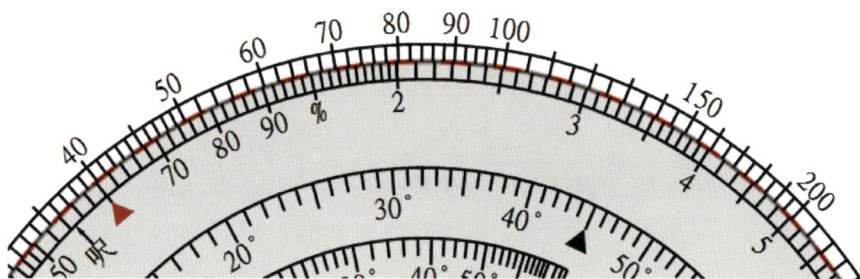

图 2-70 例 41 计算结果示意图

在预定时间内调整速度准时到达,就是根据事先预定的调速飞行时间求地速修正量。

例 42 原地速 200 km/h,晚到 1 min 20 s,预计在 8 min 30 s 内把晚到的时间补偿掉,求应增加的地速修正量。

解:(1)尺②"8 min 30 s"对正尺①"200";

(2)尺②"1 min 20 s"所对尺①"31",即为应当增加地速 31 km/h(见图 2-71)。

2. 蛇形航线绕飞消磨时间

蛇形航线绕飞如图 2-72 所示。

图 2-71 例 42 计算结果示意图

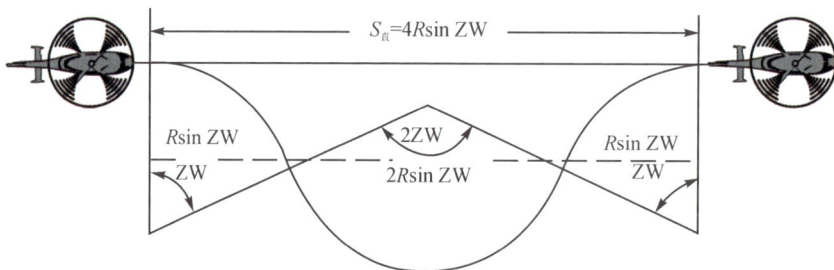

图 2-72 蛇形航线绕飞

公式：

$$\frac{\dfrac{0.017\,453\,3ZW - \sin ZW}{8.825\,99}}{\Delta t(\text{s})} = \frac{\tan \gamma}{V(\text{km/h})} \qquad (2-36)$$

式中：ZW 为转弯角度；Δt 为消磨的时刻误差。

尺形如图 2-73 所示。

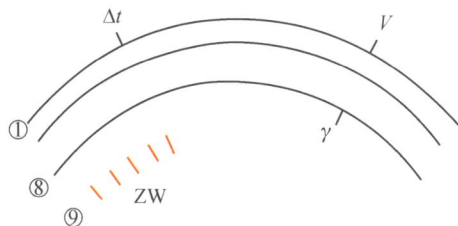

图 2-73 蛇形航线绕飞消磨时间计算尺形

例 43 速度为 180 km/h，坡度为 15°，做一次 60°—120°—60°的蛇形飞行，求消磨的时间。

解：(1) 尺⑧"15°"对正尺①"180"；

(2) 蛇形转弯角尺⑨"60°（红色）"所对尺①"14.8"，即消磨时间是 14.8 s（见图 2-74）。

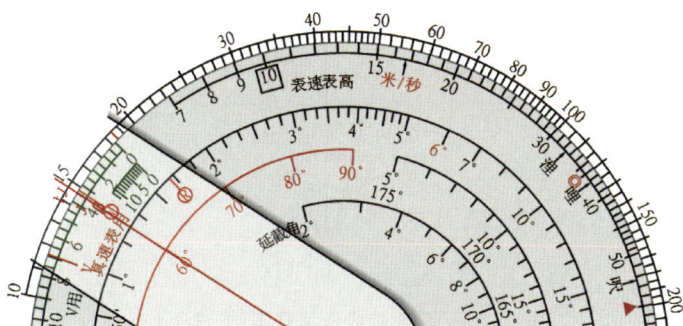

图 2 - 74 例 43 计算结果示意图

例 44 速度为 180 km/h,坡度为 15°,蛇形绕行要消磨时间 14.8 s,求转弯角度。

解:(1)尺⑧"15°"对正尺①"180";

(2)尺①"14.8"所对尺⑨"60°",即为转弯角度(见图 2 - 75)。

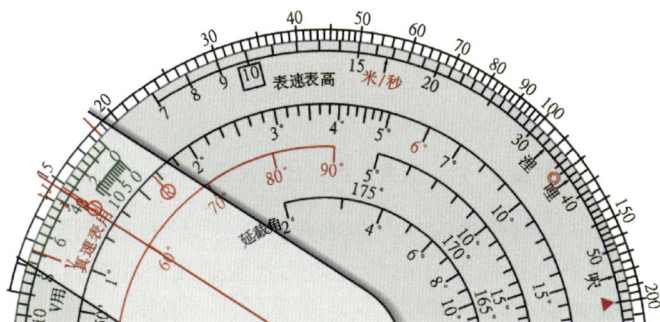

图 2 - 75 例 44 计算结果示意图

3. 延截航线法准时到达

延截航线法准时到达有两种方法。

方法一:新转弯点(C 或 B)选择在原转弯后的航线上。这种方法要求出延截角(α)及校时点到新转弯点的飞行时间 t_1(见图 2 - 76)。

公式:

$$\frac{\tan\dfrac{\alpha}{2}}{\Delta t} = \frac{\dfrac{1}{2}\cot\dfrac{ZW}{2}}{t \pm \dfrac{\Delta t}{2}} \tag{2-37}$$

$$\frac{t_1}{\sin ZW} = \frac{t}{\sin(ZW \pm \alpha)} \tag{2-38}$$

式中:ZW 为原转弯角度;t 为校时点至原转弯点(A)的飞行时间;Δt 为时刻误差(早

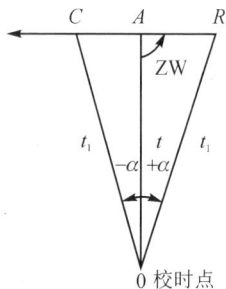

图 2-76 延截航线法示意图(方法一)

到取"＋",晚到取"－");α 为延截角(早到,向外修正,取"＋";晚到,向内修正,取"－");t_1 为校时点到新转弯点的飞行时间。

尺形如图 2-77 所示。

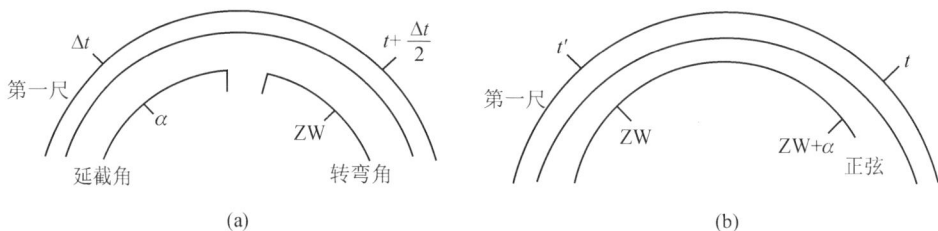

图 2-77 延截航线法计算尺形(方法一)

例 45 设最后一段航线角为 30°,进入角为 320°,校时点距进入点的飞行时间为 15 min,已推算出将早到目标 1 min,应如何按延截航线法准时到达。

解:(一)求延截角 α

(1)求航线原转弯角 ZW＝30°＋(360°－320°)＝70°;

(2)早到 Δt,取"＋",$t+\dfrac{\Delta t}{2}=15+\dfrac{1}{2}=15$ min 30 s;

(3)游标线压尺①"155"(代 15 min 30 s),转尺⑬"70°"与其对正;

(4)移游标线压尺①"10"(代 1 min)所对尺⑫"5°15′",即为延截角,因早到,故从校时点向外修正 5°航向(见图 2-78)。

(二)求校时点到新转弯点的飞行时间 t_1

(1)游标线压尺①"15",尺⑩"75°"与其对正;

(2)移游标线压尺⑩"70°",所对尺①"14.5",即为从校时点开始飞行 14 min 30 s 进入轰炸航向(见图 2-79)。

方法二:新转弯点(C)选择在转弯前的原航线上。这种方法要求出延截角(α)及提前或延迟转弯的时间 t_1(见图 2-80)。

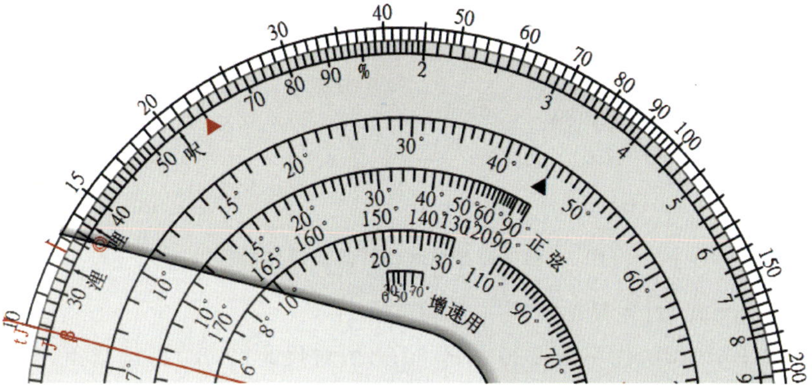

图 2 - 78　例 45 计算结果示意图(1)

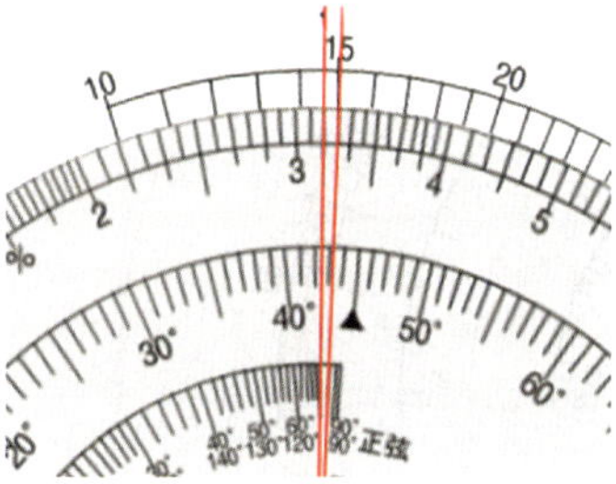

图 2 - 79　例 45 计算结果示意图(2)

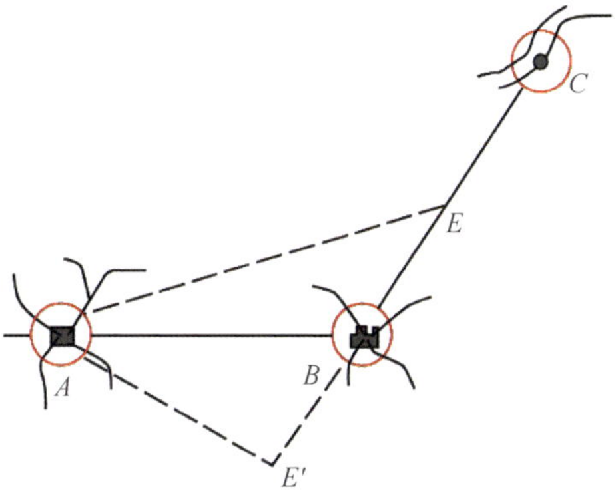

图 2 - 80　延截航线法示意图(方法二)

公式:

$$\frac{\tan \dfrac{\alpha}{2}}{\Delta t} = \frac{\dfrac{1}{2} c \tan \dfrac{ZW}{2}}{t \pm \dfrac{\Delta t}{2}} \qquad (2-39)$$

$$\frac{\sin \alpha}{t_1} = \frac{\sin(ZW + \alpha)}{T} \qquad (2-40)$$

式中:ZW 为原转弯角度;t 为原转弯点到预定点的飞行时间;Δt 为时刻误差(早到取"+",晚到取"-");t_1 为提前或延迟转弯的时间。尺形如图 2-81 所示。

例 46　航线原转弯角为 60°,转弯点距空降点飞行时间为 11 min 40 s,发现晚到 1 min 20 s,求延截角和提前转弯时间。

解:(一)求延截角 α

(1) $t - \dfrac{\Delta t}{2} = 11 \text{ min } 40 \text{ s} - \dfrac{1 \text{ min } 20 \text{ s}}{2} = 11 \text{ min}$;

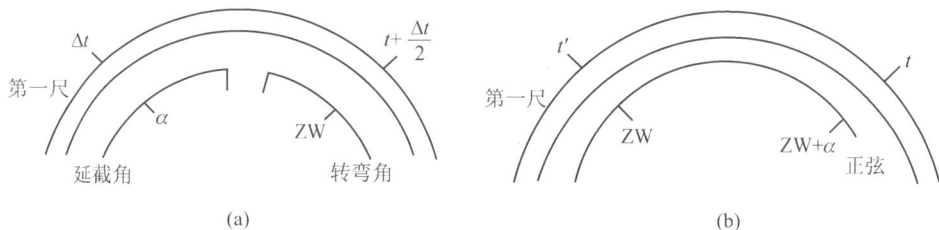

图 2-81 延截航线法计算尺形(方法二)

（2）尺⑬"60°"对正尺①"110"(代 11 min)；

（3）尺①"10.3"(代 1 min 20 s,即 80 s)所对尺⑩"9.5°"为延截角。由于晚到,延截角取"一",应提前转弯,转弯角减小 9.5°(见图 2-82)。

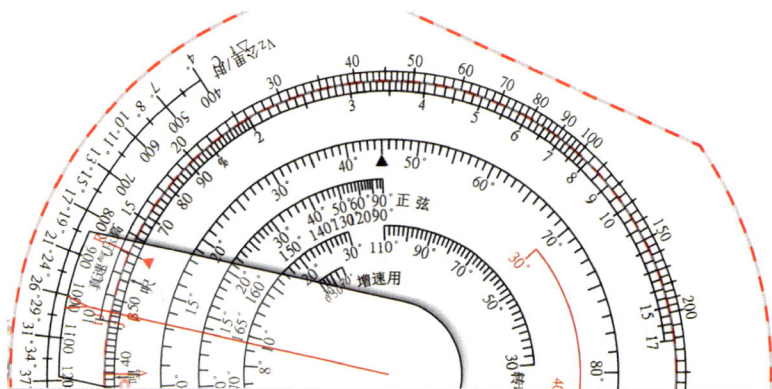

图 2-82 例 46 计算结果示意图(1)

（二）求应提前转弯的时间

（1）ZW－α＝60°－12°＝48°

（2）尺⑩"48°"对正尺①"700"(代 11 min 40 s,即 700 s)；

（3）尺⑩"12°"所对尺①"195"(代 3 min 15 s),即应提前 3 min 15 s 转弯(见图 2-83)。

4. 不影响准时到达的反抗击机动飞行增速计算

公式：

$$V = \frac{V_{增}}{\dfrac{0.017\,453\,3ZW}{\sin ZW}} \qquad (2-41)$$

尺形如图 2-84 所示。

例 47 设某直升机速度为 200 km/h,用 45°—90°—45°转弯机动飞行,不影响准时到达,问应采用的速度。

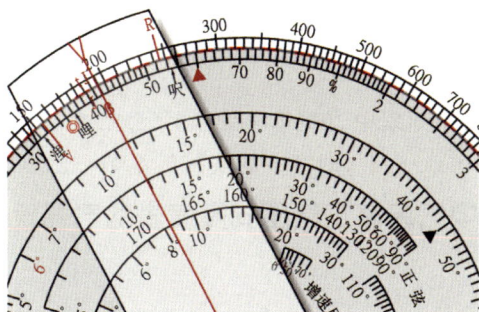

图 2 - 83 例 46 计算结果示意图(2)

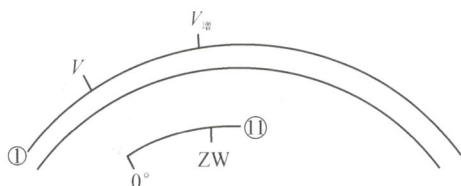

图 2 - 84 反抗击机动飞行增速计算尺形

解：(1) 尺⑪"0°"对正尺①"200";

(2) 尺⑪"45°"所对尺①"225",即为应采用的速度 225 km/h(见图 2 - 85)。

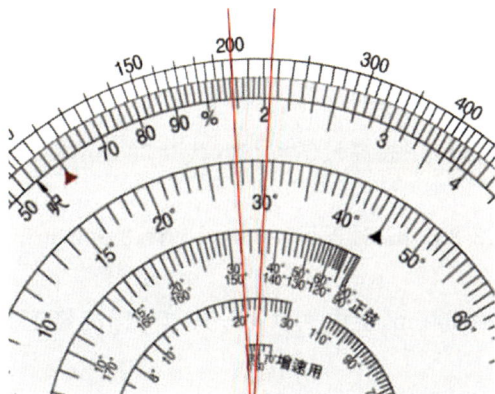

图 2 - 85 例 47 计算结果示意图

2.1.3.8 摩擦增温计算

为了修正空气与温度测量杆表面摩擦而产生的增温误差,计算尺的固定尺上刻有不同真速的摩擦增温误差数值。

用大气温度表指示的气温($t_表$)减去摩擦增温误差(Δt),就得到实际的空中气温($t_实$)。

$$t_实 = t_表 - \Delta t \qquad (2-42)$$

例 48 飞机的真速是 600 km/h,大气温度表指示的空中气温是 -14 ℃,求空中的实际气温。

解:(1) 在尺⑭"600"刻划中直接读出的"10°"为摩擦增温误差;

(2) $t_实 = -14° - 10° = -24°$,即空中的实际气温为 -24 ℃。

2.1.3.9 按空中气温修正气压式高度表的气温误差

公式:

$$\frac{273 + t_H}{288 - 0.006\ 5H_{标修}} = \frac{H_压}{H_修} \qquad (2-43)$$

尺形如图 2-86 所示。

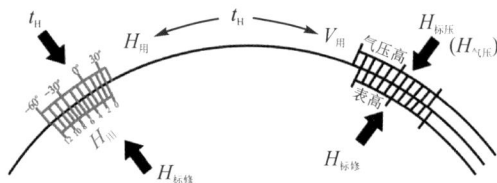

图 2-86 气压式高度表温度误差修正计算尺形

式中:t_H 为空中温度;$H_压$ 为以某一气压面为基准面的高度,称气压高;$H_修$ 为表高修正仪表误差后的高度,称修正高度(算尺上的刻划为表高);$H_{标修}$ 为以 760 mmHg*(101.3 kPa)气压面为基准面的修正高度,称标准修正高度。

例 49 修正高度为 3 200 m,空中气温为 -20 ℃,标准修正高度为 3 500 m,求气压高。

解:(1) 高度用标准修正表高尺⑦"3.5"(代 3 500 m)对正高度用空中气温尺⑥"-20°";

(2) 尺②"32"(代 3 200 m)对正尺①"30.5"(代 3 050 m),即气压高为 3 050 m(见图 2-87)。

例 50 气压高为 2 900 m,空中气温为 -10 ℃,标准修正高度为 3 000 m,求修正高度。

解:(1) 尺⑦"3"(代 3 000 m)对正尺⑥"-10°";

(2) 尺①"29"(代 2 900 m)所对尺②"29.5"(代 2 950 m),即修正高度为 2 950 m(见图 2-88)。

说明:(1) 由于仪表误差一般不大,可直接用表高代替修正高度;

(2) 当高度表所选的基准气压面与 760 mmHg 气压面相差不大时,可用表高、修正高度或气压高代替标准修正高度。

---

* 1 mmHg=133.3 Pa。

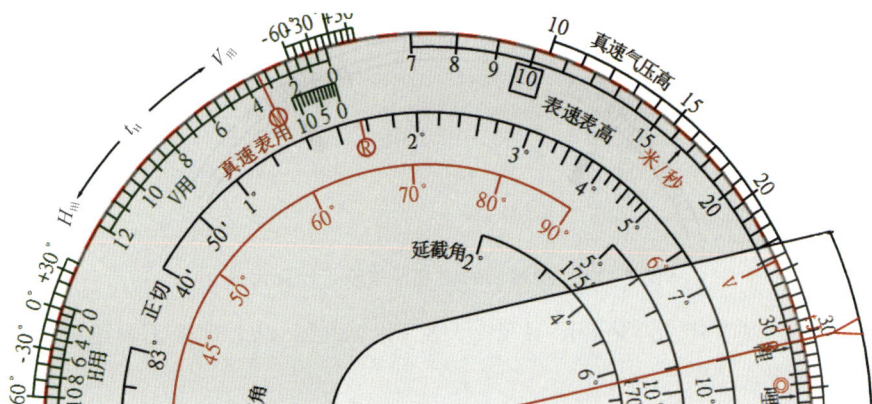

图 2 - 87 例 49 计算结果示意图

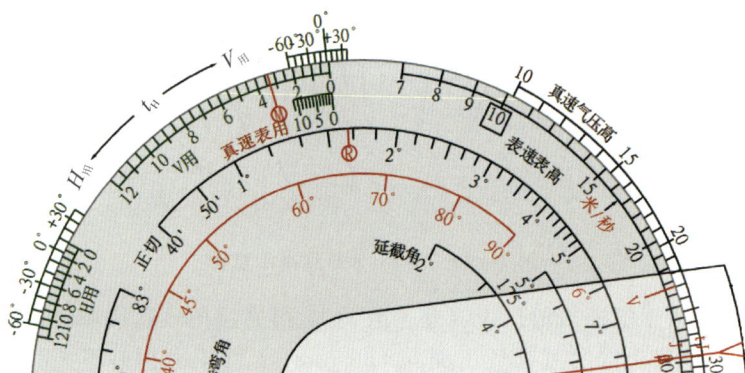

图 2 - 88 例 50 计算结果示意图

2.1.3.10 修正空速表的方法误差和 *M* 数与真速的换算

1. 修正空速表的密度误差

公式：

$$\frac{V_{真}}{V_{修}} = \frac{\sqrt{\dfrac{273+t_H}{288}}}{\sqrt{(1-0.000\,022\,6H_{标修})^{5.256}}} \qquad (2-44)$$

尺形如图 2 - 89 所示。

式中：$H_{标修}$ 为以 760 mmHg 气压面为基准面的修正高度，称标准修正高度；$V_{修}$ 为表速修正仪表误差后的速度，称修正表速。

例 51 真空速为 200 km/h，空中气温为 -25 ℃，标准修正高度为 3 000 m，求修正表速。

解：(1) 空速用标准修正表高尺④"3"(代 3 000)对正尺③"-25°"；

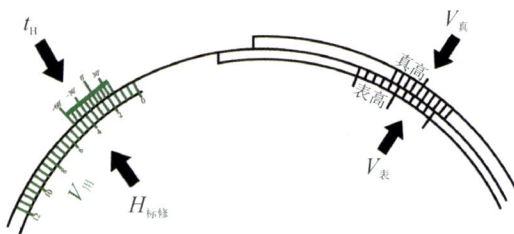

图 2 - 89 空速表的密度误差修正计算尺形

（2）尺①"20"（代 200 km/h）对尺②"18"（代 180 km/h），即修正表速为 180 km/h（见图 2 - 90）。

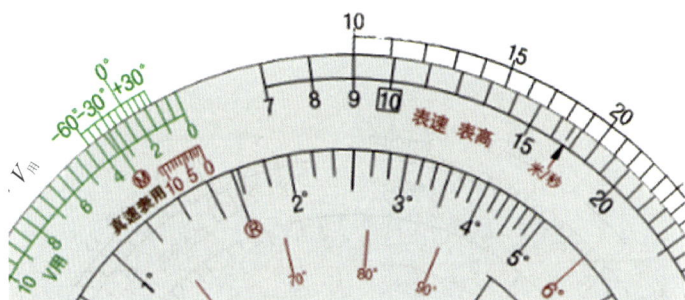

图 2 - 90 例 51 计算结果示意图

说明：（1）由于空速表的仪表误差一般不大，可直接用表速代替修正速度；

（2）当高度表所选的基准气压面与 760 mmHg 气压面相差不大时，可用表高、气压高代替标准修正高度。

2．修正真速表的气温误差

公式：

$$\frac{V_{真}}{V_{表}} = \frac{\sqrt{\dfrac{273 + t_H}{288}}}{\sqrt{\dfrac{288 - H_{标修}}{288}}} \tag{2-45}$$

尺形如图 2 - 91 所示。

例 52 设真速为 180 km/h，标准修正高度为 2 000 m，空中温度为 −20 ℃，求修正真速表气温误差后的真速。

解：（1）尺⑤"2"（代 2 000 m）与尺③"−20°"对正；

（2）尺①"18"（代 180 km/h）所对尺②"18.8"（代 188 km/h），即修正真速为 188 km/h（见图 2 - 92）。

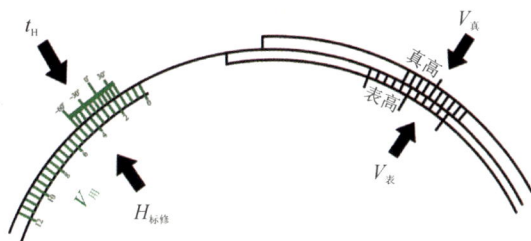

图 2-91 真速表气温误差计算尺形

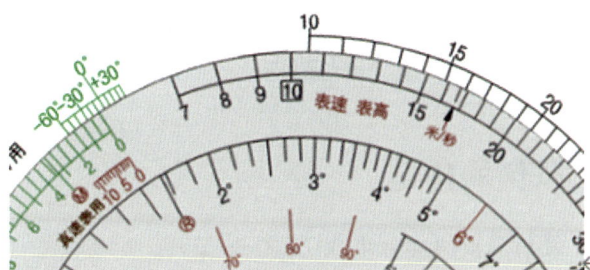

图 2-92 例 52 计算结果示意图

3. M 数与真速换算

公式：

$$\frac{\sqrt{\dfrac{273 + t_H}{288}}}{\dfrac{1\ 000}{1\ 288}} = \frac{V_{真}}{1\ 000M} \tag{2-46}$$

尺形如图 2-93 所示。

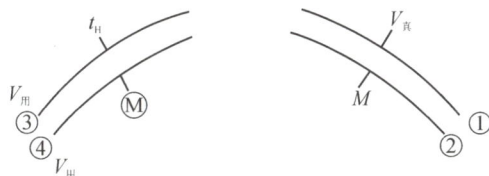

图 2-93 M 数与真速换算计算尺形

例 53 求空中气温 +15 ℃条件下，M 数 1 是多少公里。

解：（1）尺④的"M"对正尺③"+15°"；

（2）尺②"$\boxed{10}$"（代 M1）所对尺①"12.28"，即 M 数 1 是 1 228 km（见图 2-94）。

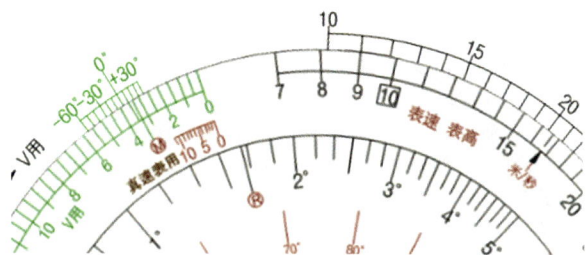

图 2 - 94　例 53 计算结果示意图

2.2　领航计风仪使用技能

2.2.1　计风仪的构造

计风仪由方位盘和滑板两部分组成(见图 2 - 95)。

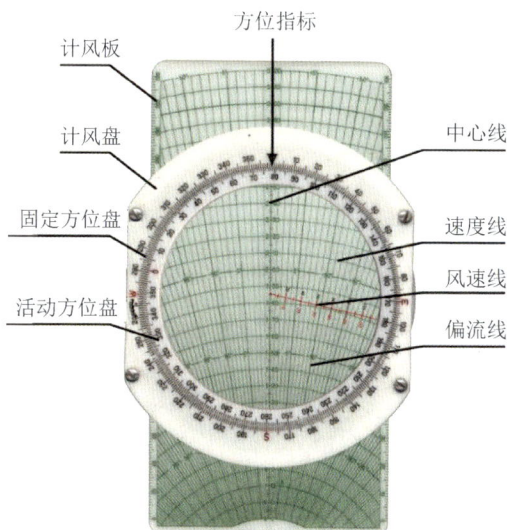

图 2 - 95　计风仪

1. 方位盘

固定方位盘分 360 等分,每 5°一长刻划,每 10°标有数字,在 0°处刻有"▼"指标; 90°、180°、270°分别用"E""S""W"代替。

活动方位盘:刻度同固定方位盘。

活动方位盘中心至 180°有一条风速线。风速线刻划分两种:一侧为 0～60 km (黑色),与小速度滑板配合使用;另一侧为 0～120 km(红色),与大速度滑板配合使用。

2. 滑　板

速度滑板分两面,一面速度范围为 50～320 km/h(风速线用黑色),另一面速度范围为 100～500 km/h(风速线用红色),并有网格计算板;板上扇形线为偏流角线,每 1°一刻线,每 5°有明显刻线并标有偏流数值;板上的横向弧线为速度线,在板的中心线上标有速度数值。

2.2.2　计风仪的使用

2.2.2.1　不利用活动方位盘上的风速线

1. 已知空速向量、风速向量求偏流、地速

例 54　已知磁航向 290°,真空速 160 km/h,磁航行风向 227°,风速 20 km/h,求偏流和地速。

解:① 定空速,标风点(画风速向量)。

移动滑板,使计风仪中心压住所需的那条空速圆弧($V_{真}$＝160 km/h);再转内圈,使它等于风向($CFX_{航}$＝230°)的刻划对正外面的三角形指标。从计风仪的中心向上,按速度的刻划画出与风速(U＝20 km/h)相应长度的风速向量。或仅标出风速向量的末端(称为风点),以代替画直线(见图 2 - 96(a))。

② 定空速向量。

转内圈使等于磁航向(CX＝290°)的刻划对正三角形指标(见图 2 - 96(b))。

③ 读偏流和地速。

在风点所对正的偏流线上读偏流(PL＝－6°),在它所对的速度圆弧上读地速(W＝170 km/h)(见图 2 - 96(c))。

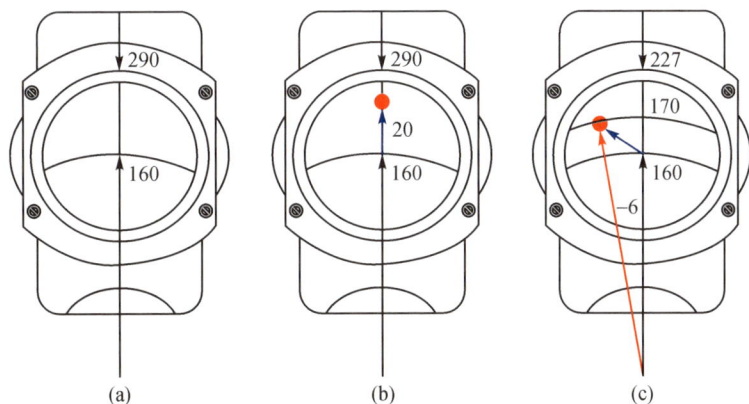

图 2 - 96　空速向量、风速向量求偏流、地速

经过上述解算,在计风仪上就构成了一个航行速度三角形,这个三角形的三个顶

点分别是:速度零点(即各偏流线延长后的交点);中心点;风点。从速度零点到中心点的线段表示空速向量;速度零点到风点的线段表示地速向量;中心点到风点的线段表示风速向量。计风仪内圈方位盘上0°与180°的连线代表磁经线。

2. 已知偏流、地速求风

(1) 同一方向上由偏流、地速求风

例55 直升机的磁航向是290°,真空速是160 km/h,测出的偏流是−6°,地速是170 km/h,用计风仪求风向、风速。

解:① 在方位盘中心定好真空速(160 km/h),把磁航向(290°)对正三角形("▼")(见图2−97(a));

② 根据偏流(−6°)、地速(170 km/h),在相应的偏流线上标出风点(见图2−97(b));

③ 转动内圈方位盘,使风点压住中心线,从三角指标所对内圈刻划上读出风向是227°,利用中心线的速度刻划可以读出风速是20 km/h(见图2−97(c))。

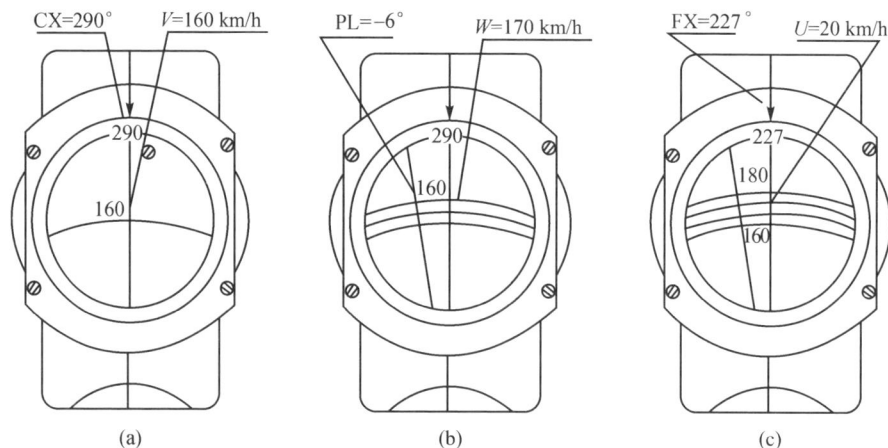

图 2−97 计风仪求风

(2) 已知双偏流求风

例56 直升机保持的真空速为160 km/h,当磁航向40°时,测得偏流是+6°;直升机转弯后,保持的磁航向是320°,真空速是160 km/h,测得的偏流是−4°。用计风仪求风向、风速。

解:① 将方位盘中心定好第一个真空速(160 km/h),根据第一个磁航向(40°)上的偏流(+6°)画出第一条航迹线(见图2−98(a));

② 将方位盘中心定好第二个真空速(160 km/h),根据第二个磁航向(320°)上的偏流(−4°)画出第二条航迹线(见图2−98(b));

③ 两条航迹线的交点即为风点,按风点可读出风向为168°,风速是20 km/h(见图2−98(c))。

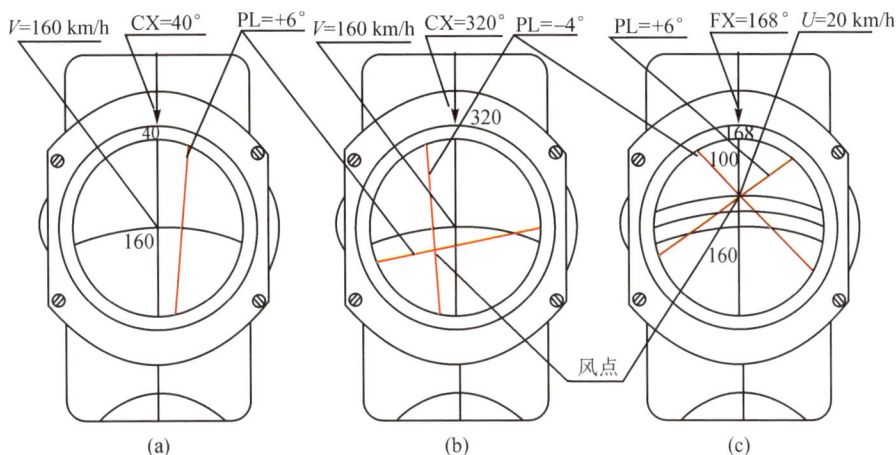

图 2-98　双偏流求风

（3）已知双地速求风

例 57　直升机保持真空速 160 km/h，当磁航向为 43°时，地速为 170 km/h；当磁航向为 139°时，地速仍为 170 km/h，求风向、风速。

解：① 活动方位盘中心对空速 160 km/h，三角指标"▼"对第一个磁航向 43°，沿地速线 170 画一弧线（见图 2-99（a））；

② 再将三角指标"▼"对第二个磁航向 139°，沿地速线 170 画另一弧线，两弧线相交点为风点（见图 2-99（b））；

③ 转方位盘，使风点压住中心线，此时，从三角指标"▼"处读出风向是 91°，从中心点沿中心线读出风速是 15 km/h（见图 2-99（c））。

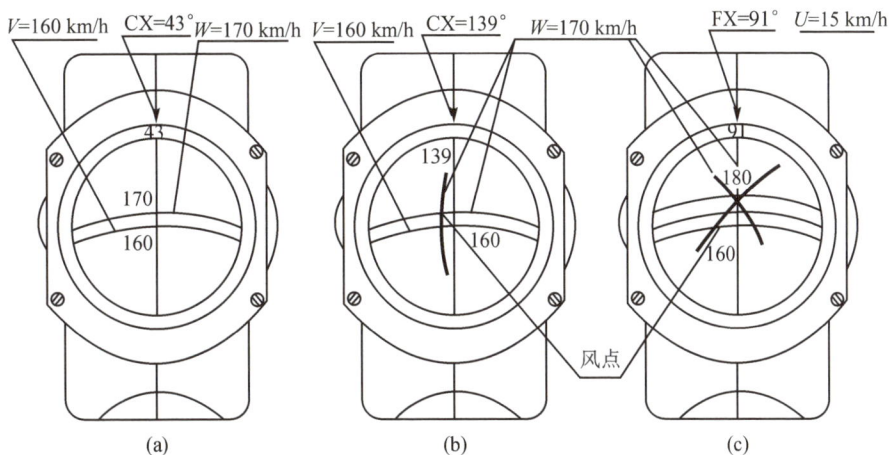

图 2-99　双地速求风

3. 求偏流、地速和应飞航向

计算要点可归纳为："定好空速点风点,对正航线向风转。"

例58 某航线的 CHX $=81°$,已知 $V_{真}=160$ km/h,CFX$_{航}=116°$,$U_{航}=25$ km/h。求偏流、地速和应飞航向。

解:①定空速。

将真空速 160 km/h 的圆弧对正方位盘的中心点(见图 2-100(a))。

② 标风点。

转动方位盘,将风向116°对正"▼"指标,根据风速 25 km/h 在中心线上标出风点(见图 2-100(b))。

③ 求偏流、地速,推算应飞航向。

首先用 CHX81° 对正"▼"指标,从风点处读得一个近似于应飞航向上的偏流($PL_1≈+4°$);其次用磁航线角和第一个偏流的差值(CHX$-PL_1$)77° 对正"▼"指标,读出近似于应飞航向上的偏流($PL_2≈+5°$)(见图 2-100(c));接着用磁航线角和第二个偏流的差值(CHX$-PL_2$)76° 对正"▼"指标,读出偏流($PL_3=+5°$)(见图 2-100(d))。此时,偏流已基本不变,该偏流便可视为应飞航向上的偏流,从"▼"指标所对处便可读出应飞航向 CX$_{应}=76°$,从风点处即可读出 $W=180$ km/h。

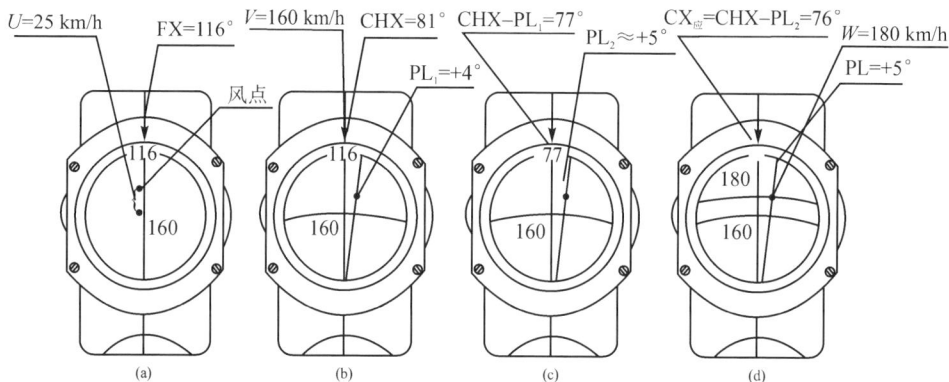

图 2-100 用计风仪求偏流、地速

最终的解算结果就是,在计风仪上构成的是一个空速等于预计真空速、航向等于应飞航向、航迹角等于航线角的航行速度三角形,该三角形称为应飞航行速度三角形。

2.2.2.2 利用活动圆盘上的风速线计算风、偏流和地速

计算口诀:风向(航行风)对航迹(内圈);空速交风速(km/h);交点示偏流;中心读地速。

1. 已知风向、风速求偏流、地速

例59 某航线的 CHX $=81°$,已知 $V_{真}=160$ km/h,CFX$_{航}=116°$,$U_{航}=25$ km/h。

求 PL、W 和 CX$_应$。

解：① 转动活动方位盘使 116°对正固定方位盘 81°；

② 移动滑板，使速度圆弧 160 与风速 25 相交；

③ 交点处读出偏流是＋5°，求得应飞航向为 76°；

④ 在活动圆盘中心处读出地速是 180 km/h(见图 2-101)。

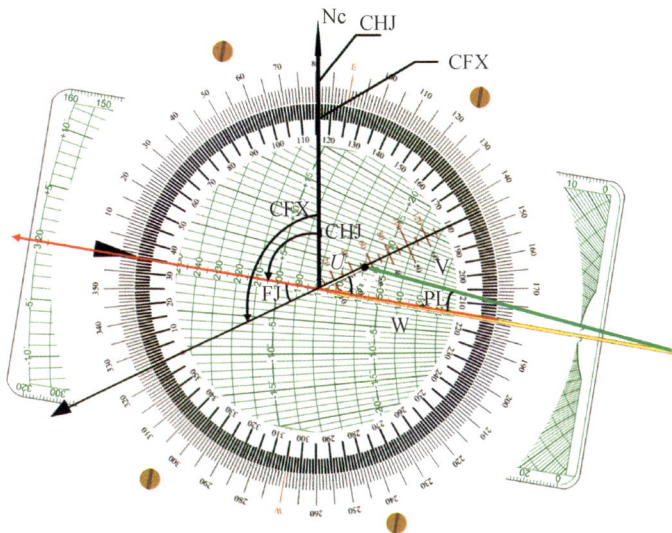

图 2-101　利用风速线求偏流、地速

2. 已知偏流和地速求风向、风速。

例 60　已知空速为 180 km/h，磁航迹角为 50°，偏流为＋6°，地速为 220 km/h，求风向、风速。

解：① 根据地速，将活动圆盘中心对正滑板中心线上的 220 km/h；

② 转活动圆盘，使风速线压住空速 180 的弧线和＋6°的偏流线的交点；

③ 在交点处读得风速为 45 km/h；

④ 从固定方位盘 50 处向活动方位盘读得风向为 74°(见图 2-102)。

2.2.2.3　利用网格计算板求平均风向、风速和偏流、地速

计风仪小速度滑板的网格部分由中心线、平行线和距离(速度)刻线组成。利用网格计算板，以向量作图法可求平均风向、风速，或在航线附近没有可供测量的观测点时，利用侧方观测点同时测量偏流和地速。

1. 求平均风向、风速

例 61　已知不同高度层的风向、风速分别是的 30°、15 m/s，80°、20 m/s，150°、35 m/s，求平均风向、风速。

解：（1）将活动方位盘中心点压滑板网格上缘，转活动方位盘使第一个风向 30°对正▼指标，从中心点向下画出第一个风的速度 15 m/s；

（2）转活动方位盘使第二个风向 80°对正▼指标，调整滑板使第一个风速向量的头部处于网格上缘，并从其头部垂直向下（与网格中心线平行）画出第二个风的速度 20 m/s；

（3）再转动活动方位盘使第三个风向 150°对正▼指标，调整滑板使第二个风速向量的头部处于网格上缘，由第二个风速向量的头部垂直向下画出第三个风的速度 35 m/s；

（4）转活动方位盘使第三个风速向量的头部处于中心点下方的中心线上，再调整滑板将中心点对正网格部分的上缘，在▼指标下可读出合成向量或平均风的方向 108°，在滑板网格距离（速度）刻线读出风速 46 m/s，除以层数 3，即得出平均风速 15.3 m/s。（见图 2－103）

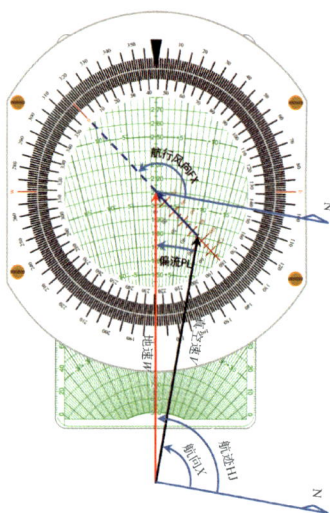

图 2－102　利用风速线求风

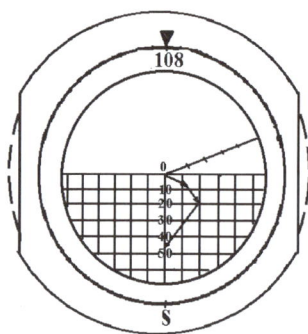

图 2－103　例 61 结果示意图

2. 测偏流角和地速

例 62　如图 2－104 所示，某直升机在 A 点 10∶40 测得侧方观测点 C 的相对方位角为 280°，距离为 35 km，飞行 4 min 以后，在 B 点测得同一观测点 C 的相对方位角为 220°，距离为 43 km，求偏流和地速。

解：（1）转活动方位盘 280°对正固定方位盘▼，并移活动方位盘中心点压网格距两刻线 35，沿中心线在距离（速度）刻线 0 处画点为标记；

（2）再转活动方位盘 220°与▼对正，将方位盘中心点压距离刻线 43，同样在距离（速度）刻线 0 处画一点做标记；

（3）将两标记中间连线，并转方位盘使连线平行于中心线（注意连线的移动方向

要与雷达测点显示的移动方向一致),此时固定方位盘▼标记所指 350°,与纵轴 360°
相差 10°为偏流,由于在中心线左侧,即偏流为－10°。

(4) 移滑板使连线一端压距离(速度)刻线 0,从另一端读出 40 km 为两点间距
离,用计算尺①、②配合求得地速为 600 km/h(见图 2－105)。

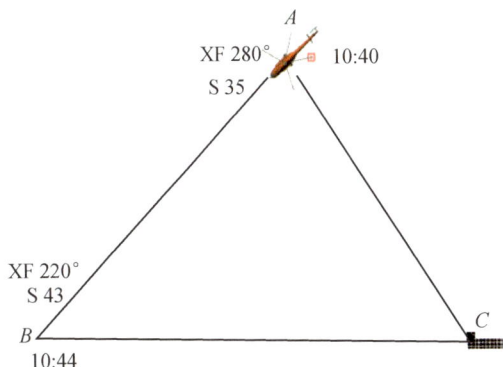

图 2－104　原理示意图

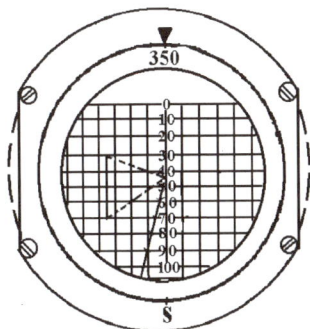

图 2－105　例 62 结果示意图

2.3　领航心算技能

2.3.1　心算基本数据

心算基本数据主要包括:速度、时间、距离、真空速、转弯诸元、航行风和补偿距离
等。其中使用心算最多的就是速度、时间和距离换算。

1. 心算速度、时间和距离

在实际飞行过程中,飞行速度、飞行距离与飞行时间是最基本的飞行数据,需要
精确快速地进行领航心算。在计算过程中,应基于三者之间的基本关系找出彼此之
间的换算方法。设飞行速度为 V,飞行距离为 S,飞行时间为 t,则三者之间的换算关
系为

$$S = Vt \tag{2-47}$$

据此基本公式,就能够在知道其中两个已知量以后,很快地领航心算出第三个所
需的未知量来。

(1) 已知飞行速度和飞行时间求飞行距离

1)"6 分钟"心算法与"36 秒"心算法

在领航心算过程中,常见的时间比例关系有 6 min 是 1 h 的十分之一,1 min 30 s 是
6 min 的四分之一,这样,当得知当前飞行速度为 200 km/h 的时候,就能够通过所掌
握的时间比例领航心算出 6 min 的飞行距离为 20 km;1 min 30 s 的飞行距离是
5 km。在实际的领航心算算法应用中,1 h 和 6 min 的换算关系是最常用的,基于这

种关系,可以将所需领航心算的时间分解为多个 6 min 的时间段,并利用这种比例关系进行距离换算。常见时间和 6 min 之间的换算关系如表 2-1 所列。

表 2-1 常见时间与 6 min 时间段之间的换算关系表

时间(t)	10 s	30 s	36 s	1 min	1 min 30 s	2 min	3 min
与 6 min 的关系	1/36	1/12	1/10	1/6	1/4	1/3	1/2

在 6 min 换算的基础之上,也可以将常见时间换算为 36 s 的时间倍数进行快速领航心算(见表 2-2)。

表 2-2 常见时间与 36 s 时间段之间的换算关系表

时间(t)/s	12	24	48	60	72	108	144
与 36 s 的关系	1/3	2/3	4/3	5/3	2	3	4

例如,当前飞行速度为 200 km/h 时,也就是说 3 600 s 的飞行距离为 200 km,那么,基于这种换算办法,可以推算出 36 s 的飞行距离为 2 km,72 s 的飞行距离为 4 km,108 s 的飞行距离为 6 km;72 s 和 108 s 分别可以与 36 s 建立倍数的关系,所以可以利用 36 s 的关系,建立更为快速的领航心算算法。

2)"1分钟"心算法与"10秒"心算法

在某些条件下,基于每 min 和每 10 s 的飞行距离进行领航心算,是更为简便的一种算法。例如,在速度为 200 km/h 的时候,可通过计算得出每 min 飞行距离为 3.33 km,每 10 s 的飞行距离可以表示为 0.56 km。基于上述分析,就可以得到任意时间段内的飞行距离,如 1 min 10 s 的飞行距离可以用 1 min 的飞行距离加 10 s 的飞行距离心算得 3.89 km。因此,记住不同飞行速度下的每 min 和每 10 s 的飞行距离,然后进行组合推算,可以提高心算速度。不同飞行速度下的每 min 和每 10 s 的飞行距离如表 2-3 和表 2-4 所列。

表 2-3 不同速度下每 min 的飞行距离换算关系表

速度/(km·h^{-1})	100	110	120	130	140	150	160	170	180	190
每 min 的飞行距离/km	1.7	1.8	2	2.2	2.3	2.5	2.7	2.8	3	3.2
速度/(km·h^{-1})	200	210	220	230	240	250	260	270	280	290
每 min 的飞行距离/km	3.3	3.5	3.7	3.8	4	4.2	4.3	4.5	4.7	4.8

表 2-4 不同速度下每 10 s 的飞行距离换算关系表

速度/(km·h^{-1})	100	110	120	130	140	150	160	170	180	190
每 10 s 的飞行距离/km	0.3	0.3	0.3	0.4	0.4	0.4	0.5	0.5	0.5	0.5
速度/(km·h^{-1})	200	210	220	230	240	250	260	270	280	290
每 10 s 的飞行距离/km	0.6	0.6	0.6	0.6	0.7	0.7	0.7	0.8	0.8	0.8

（2）已知飞行速度和飞行距离求飞行时间

为了提高领航心算的速度，还可以牢记在不同飞行速度下，飞行 1 km 所需要的时间，其换算关系如表 2-5 所列。

表 2-5 不同速度每 km 的飞行时间和每 10 s 的飞行距离

速度/(km·h^{-1})	100	110	120	130	140	150	160	170	180	190
每 km 的飞行时间/s	36	33	30	28	26	24	22	21	20	19
速度/(km·h^{-1})	200	210	220	230	240	250	260	270	280	290
每 10 s 的飞行距离/km	18	17	16	15	15	14	14	13	13	12

依据表 2-5，举例来说，在当前飞行速度为 120 km/h，预定的飞行距离为 13 km 时，飞行时间经领航心算可知为 390 s。

（3）已知飞行时间和飞行距离求飞行速度

根据速度时间距离公式，可以将已知飞行时间和飞行距离时得到飞行速度的数据整理成适合于领航心算的公式（见表 2-6）。例如，为了方便记忆，360 可以记忆成 (4-0.4)×100。

表 2-6 固定的飞行时间(s)内飞行 1 km 时求解飞行速度(km/h)的简化公式

时间/s	求解飞行速度(km/h)的简化公式
10	360 或者是(4-0.4)×100
15	240
20	180 或者是(2-0.2)×100
25	144
30	120
40	90 或者是(2-0.1)×100
50	72 或者是(8-0.8)×10
60	60

心算距离时间速度，误差分析时可以把时间看成 1 h 的几分之一，求出距离与速度的比值进行心算（见表 2-7）。

表 2-7 时间误差值

t	20	19	18	17	16	15
$t/60$心	1/3	1/3	1/3	1/4	1/4	1/4
$t/60$实	0.33	0.32	0.30	0.28	0.27	0.25
误差	0	0.01	0.03	-0.03	-0.02	0

由表 2-7 中的数据可以看出,在 15～20 min 内,心算误差呈现先增大后减小的趋势,误差范围为±0.03,以 0.03 为例代入不同速度进行计算可得到表 2-8。

表 2-8　速度对应距离误差

V	120	150	180	210	230	250	280	300
$S_差$	3.6	4.5	5.4	6.3	6.9	7.5	8.4	9

由以上计算可以看出,随着速度的增加,心算时间误差带来的实际计算距离误差是不断增大的,可以看到在 180 km/h 以上距离误差大于 5 km,偏差相对较大,此时此方法不适用。

2. 心算真空速

（1）方　法

根据计算分析研究表明,空速表测定空速要受飞行高度和气温的影响,高度每升高 200 m 影响表速少指 1%。所以求真速时应加上 1%。直升机的真速通常为 200 km/h,所以每升高 100 m,真速增加 1 km/h。地面大气温度与标准气温（+15 ℃）每差 5 ℃影响表速多指或少指 1%。实际气温低于标准气温表速多指 1%,求真速时应减去 1%;反之,表速少指 1%,求真速时应加上 1%。直升机的巡航表速通常在 160～200 km/h,所以地面温度与+15 ℃的差值每差 5 ℃,真速变化约 1.7 km/h。

根据这些规律即可心算出真空速,具体心算公式如下:

$$V_真 = V_表 + \frac{H_{760\,mmHg}}{100} + \frac{t_地 - 15}{3} \qquad (2-48)$$

例 63　航行标准气压高为 2 200 m,地面温度为+35 ℃,表速 160 km/h,求真空速。

解:
$$V_真 = [160 + 2\,200/100 + (35-15)/3]\ km/h$$
$$= (160 + 22 + 7)\ km/h$$
$$= 187\ km/h$$

注:如果 $t_地$ 小于 15 ℃,式中 $(t_地 - 15)/3$ 的值为负数。

（2）心算真速误差分析

以地面温度为+30 ℃、表速 160 km/h 为例,分析心算真空速的误差。从表 2-9 中的数据可以看出,在温度和表速一定时,高度对真空速影响较小,但随着高度的增加,误差有变大的趋势,在海拔 3 000 m 以上的高原,心算产生的误差较大,此方法不适用。

表 2-9　根据高度心算真速的误差

H/m	600	800	1 000	1 200	1 400	1 600	1 800	2 000	2 200	2 400	2 600
$V_心/(km \cdot h^{-1})$	171	173	175	177	179	181	183	185	187	189	191
$V_实/(km \cdot h^{-1})$	172	174	176	178	180	182	185	187	190	192	194
$V_差/(km \cdot h^{-1})$	+1	+1	+1	+1	+1	+1	+2	+2	+3	+3	+3

在表速 160 km/h,标准海压条件下,飞行高度 2 000 m,分析心算真空速的误差。从表 2 – 10 中的数据可以看出,在高度和表速一定时,温度所引起的心算误差相对较小,且随着温度的升高,误差逐渐消除。

表 2 – 10　根据温度心算真速的误差

$T_{地}/℃$	−32	−27	−22	−17	−12	−7	−2	+3	+8	+13	+18	+23	+28
$V_{心}/(km \cdot h^{-1})$	165	167	168	170	172	174	175	177	178	180	181	183	184
$V_{实}/(km \cdot h^{-1})$	164	166	167	169	171	173	174	176	178	179	181	183	184
$V_{差}/(km \cdot h^{-1})$	−1	−1	−1	−1	−1	−1	−1	−1	0	−1	0	0	0

3. 心算转弯诸元

(1) 心算转弯半径

由物理学可知,直升机转弯时,其转弯半径同速度和坡度的关系为

$$R = \frac{V^2}{g \times \tan \gamma} \tag{2-49}$$

式中:g 为重力加速度;γ 为转弯坡度。由于领航上常用 km/h 作为速度的单位,则须将 g 的单位由 9.8 m/s^2 变换为 127×10^3 km/h^2。

从式(2 – 49)可以看出:如果空速一定,坡度越大,转弯半径就越小;如果坡度一定,空速越大,转弯半径就越大。

整理后得

$$R = \frac{V^2}{127 \times 10^3 \tan \gamma} \tag{2-50}$$

可简化为

$$R = K \left(\frac{V}{10} \right)^2 \tag{2-51}$$

其中

$$K = \frac{1}{1\ 270 \times \tan \gamma} \tag{2-52}$$

设:

$$K_1 = 1\ 000\ K \tag{2-53}$$

最后简化 R 为

$$R = \frac{K_1}{1\ 000} \left(\frac{V}{10} \right)^2 \tag{2-54}$$

K_1 的近似值与坡度 γ 的近似关系如表 2 – 11 所列。

表 2 - 11　不同坡度对应的 K_1 值

坡度 γ/(°)	15	20	25	30	45	50	55	60
K_1（近似值）	2.9	2.1	1.7	1.4	0.8	0.65	0.55	0.45

按照式（2-54），比如直升机速度是 160 km/h，转弯坡度为 20°，则转弯半径为

$$R = \left[\frac{2.1}{1\,000} \left(\frac{160}{10} \right)^2 \right] \text{ km} = 0.54 \text{ km} \qquad (2-55)$$

（2）任意转弯角度所需时间的心算

1）转弯时间与转弯速度、转弯坡度和转弯角度的关系

直升机盘旋一周的周长为 $2\pi R$，如果转弯速度是 V，则盘旋一周所需时间（$t_{360°}$）为

$$t_{360°} = \frac{2\pi R}{V}$$

将式（2-49）代入，整理后得

$$t_{360°} = \frac{2\pi}{g} \frac{V}{\tan \gamma}$$

为了使计算出的 $t_{360°}$ 以 s 为单位，式中的 g 取 9.8 m/s²，若 V 以 km/h 为单位，则应将它除以 3.6，以 m/s 为单位。因此，上式变为

$$t_{360°} = \frac{2\pi}{9.8} \frac{\dfrac{V(\text{km/h})}{3.6}}{\tan \gamma}$$

式中：

$$\frac{2\pi}{3.6 \times 9.8} = 0.18$$

代入得

$$t_{360°} = \frac{0.18 V(\text{km/h})}{\tan \gamma}$$

得到任意角度下转弯时间：

$$t_\theta = \frac{\theta}{360°} \frac{0.18 V(\text{km/h})}{\tan \gamma}$$

设：

$$K_2 = \frac{0.18}{\tan \gamma}$$

可得

$$t_\theta = K_2 \times \theta V / 360°$$

由计算得不同坡度下 K_2 的值如表 2-12 所列。

表 2 - 12　不同坡度对应的 K_2 值

坡度 $\gamma/(°)$	10	15	20	25	30	35	40	45	50	55	60
K_2	1.00	0.67	0.50	0.39	0.31	0.26	0.21	0.18	0.15	0.13	0.10

按照以上简化公式,比如直升机速度是 160 km/h,转弯坡度为 20°,转过角度为 90°,则转弯时间为

$$t_{60°} = \left(\frac{90°}{360°} \times 0.5 \times 160 \right) \text{ s} = 20 \text{ s}$$

2）心算误差分析

① 当转弯坡度为 10°时,转 360°所需时间为转弯真速值（低空可按表速）,单位为 s。

例如真空速为 160 km/h,转弯坡度为 10°,可得到表 2 - 13。

表 2 - 13　根据转弯角度心算转弯时间的误差

角度/(°)	20	50	80	110	140	170	200	230	260	290	320
$t_{心}/s$	8	26	40	53	64	80	85	105	112	128	144
$t_{实}/s$	9	22	36	49	62	76	89	102	116	129	142
$t_{差}/s$	+1	−4	−4	−4	−2	−4	+4	−3	+4	+1	−2

由表 2 - 13 中的数据可以看出,当转弯坡度为 10°时心算产生的误差在 ±4 s 以内,总体上误差较小,但在进行较小的转弯角度转弯时（例如 50°）,其相对实际转弯时间误差较大,所以在以后的飞行中应根据转弯角度的大小合理选择使用心算还是尺算。

② 转弯坡度为 15°时,转 180°所需时间为

$$t = V(\text{km/h}) \times 3.3/10$$

根据转弯速度心算转弯时间的误差见表 2 - 14。

表 2 - 14　根据转弯速度心算转弯时间的误差

$V/(\text{km} \cdot \text{h}^{-1})$	60	80	100	120	140	160	180	200	220	240
$t_{心}/s$	20	26	34	39	46	53	59	66	73	79
$t_{实}/s$	20	27	33	40	47	54	60	64	73	80
$t_{差}/s$	0	+1	−1	+1	+1	+1	+1	−2	0	+1

由表 2 - 14 中的数据可得转弯速度对转弯时间影响较小,误差范围在 ±2 s 以内,在 200°时误差相对最大。

例如真空速为 160 km/h,转弯坡度为 15°,可得到表 2 - 15。

表 2-15　根据转弯角度心算转弯时间的误差

角度/(°)	20	50	80	110	140	170	200	230	260	290	320
$t_心$/s	5	17	26	34	40	52	57	69	78	86	92
$t_实$/s	6	15	23	32	41	50	59	67	76	85	94
$t_差$/s	+1	-2	-3	-2	+1	-2	+2	-2	+2	-1	+2

由表 2-15 中的数据可以看出,转弯坡度为 15°时,心算产生的误差主要是因为转弯角度不是准确值,误差范围在 ±3 s 以内,总体上误差较小,但在进行较小的转弯角度转弯时(例如 80°),其相对实际转弯时间误差较大,所以在以后的飞行中应根据转弯角度的大小合理选择使用心算还是尺算。

③ 转弯坡度为 20°时,转 180°所需时间为

$$t = V(km/h) \times 2.5/10$$

速度心算时间误差见表 2-16。

表 2-16　速度心算时间误差

$V/(km \cdot h^{-1})$	60	80	100	120	140	160	180	200	220	240	260	280
$t_心$/s	15	20	25	30	35	40	45	50	55	60	65	70
$t_实$/s	15	20	25	29	34	39	44	49	54	59	64	68
$t_差$/s	0	0	0	-1	-1	-1	-1	-1	-1	-1	-1	-2

由表 2-16 中的数据得速度对转弯时间影响较小,误差范围在 ±2 s 以内,误差成线性变化,随着转弯角度的增大,误差逐渐增大。

例如真空速为 160 km/h,转弯坡度为 20°,可得到表 2-17。

表 2-17　角度心算时间误差

角度/(°)	20	50	80	110	140	170	200	230	260	290	320
$t_心$/s	4	13	20	27	32	40	44	53	60	67	72
$t_实$/s	4	11	18	25	31	38	44	51	58	65	71
$t_差$/s	0	-2	-2	-2	-1	-2	0	-2	-2	-2	-1

由表 2-17 中的数据可以看出,当转弯坡度为 20°时,心算产生的误差主要是因为转弯角度不是准确值,误差范围在 ±2 s 以内,总体上误差较小,但在进行较小的转弯角度转弯时(例如 50°),其相对实际转弯时间误差较大。

④ 转弯坡度为 30°时,转 180°所需时间为

$$t = V(km/h) \times 1.6/10$$

例如转弯坡度为 30°,转弯角度为 180°,可得到表 2-18。

表 2-18 速度心算时间误差值

V/(km·h⁻¹)	60	80	100	120	140	160	180	200	220	240	260	280
$t_心$/s	10	13	16	19	22	26	29	32	35	38	42	45
$t_实$/s	9	12	15	19	22	25	28	31	34	37	40	43
$t_差$/s	-1	-1	-1	0	0	-1	-1	-1	-1	-1	-2	-2

由表 2-18 中的数据得速度对转弯时间影响较小,心算误差范围在 ±2° 以内,误差成线性变化,随着转弯角度的增大,误差逐渐增大。

例如真空速为 160 km/h,转弯坡度为 30°,可得到表 2-19。

表 2-19 角度心算时间误差值

角度/(°)	20	50	80	110	140	170	200	230	260	290	320
$t_心$/s	3	9	13	18	21	26	29	35	39	44	47
$t_实$/s	3	7	12	16	20	25	29	33	38	42	46
$t_差$/s	0	-2	-1	-2	-1	-1	0	-2	-1	-2	-1

由表 2-19 中的数据可以看出,当转弯坡度为 30° 时,心算产生的误差主要是因为转弯角度不是准确值,误差范围在 ±2 s 以内,总体上误差较小,但在进行较小的转弯角度转弯时(例如 50°),其相对实际转弯时间误差较大。

⑤ 转弯坡度为 45° 时,转 180° 所需时间为

$$t = V(km/h) \times 0.9/10$$

速度心算时间误差见表 2-20。

表 2-20 速度心算时间误差

V/(km·h⁻¹)	60	80	100	120	140	160	180	200	220	240	260	280
$t_心$/s	5	7	9	11	13	14	16	18	20	22	23	25
$t_实$/s	5	7	9	11	13	15	16	18	20	22	23	25
$t_差$/s	0	0	0	0	0	+1	0	0	0	0	0	0

由表 2-20 中的数据得速度对转弯时间影响较小,误差在合理区间内。

例如真空速为 160 km/h,转弯坡度为 45°,可得到表 2-21。

表 2-21 角度对应心算误差

角度/(°)	20	50	80	110	140	170	200	230	260	290	320
$t_心$/s	2	5	7	10	12	14	15	19	21	24	26
$t_实$/s	2	4	6	9	11	14	16	18	21	23	26
$t_差$/s	0	-1	-1	-1	-1	0	-1	-1	0	-1	0

由表 2-21 中的数据可以看出,当转弯坡度为 45°时,心算产生的误差主要是因为转弯角度不是准确值,误差范围在 ±1 s 以内,总体上误差较小。

总的来看,应用心算方法计算转弯时间,存在误差主要是由于转弯角度计算误差。从纵向来看,转弯坡度越大,对应的误差越小;转弯角度越小,对应的误差相对越大。

4. 心算航行风

(1)心算航行风向

领航工作中,经常需要换算某一方向的反方向,以实现常见的方向改变。常用的快速心算法如下:若方向数值为两位数,则其中的"十"位数减 2 移至"百"位。如果两位数中的"十"位数不够被 2 减,则可直接加 180°。若方向数值为三位数,则将其中的"百"位数减 2 移至"十"位数。如果"百"位数不够被 2 减,其"十"位数可以被 2 减,则将"十"位数减 2 移至"百"位数,如果"十"位数也不能被 2 减,则直接加 180°。方向的换算关系如表 2-22 所列。

表 2-22 方向换算关系表

正向/(°)	20	40	60	80	100	120	140	160
反向/(°)	200	220	240	260	280	100	320	340

(2)心算航行风速

气象风速乘以 3.6(即 4-0.4)转化为航行风速。

例如:气象风速为 5 m/s,航行风速是多少?

$$U_{航} = U_{气} \times 3.6 = U_{气} \times (4-0.4) = (5 \times 4 - 5 \times 0.4) \text{ km/h} = 18 \text{ km/h}$$

5. 心算补偿距离

(1)心算方法

根据上升表速与巡航表速的差值,算出每上升 1 min 相应的补偿距离,再按实际上升时间,求出上升补偿距离。

补偿距离公式:

$$\Delta S = (V_平 - V_升) \times t'/60 = \Delta V \times t'/60$$

ΔS 与 ΔV 对应值见表 2-23。

表 2-23 ΔS 与 ΔV 对应值

1 分钟 ΔS/km	0.5	0.58	0.66	0.83	0.9	1
速度差 ΔV/km·h^{-1}	30	35	40	50	55	60

为了方便计算,近似得 ΔS 见表 2-24。

表 2 - 24　ΔV 与 ΔS 对应值

速度差 $\Delta V/\mathrm{km \cdot h^{-1}}$	30	35	40	50	55	60
1 分钟 $\Delta S/\mathrm{km}$	0.5	0.6	0.7	0.8	0.9	1

例如：上升 $V_表$ 为 130 km/h，巡航 $V_表$ 为 160 km/h，ΔV 为 30 km/h，每分钟 ΔS 为 0.5 km，实际上升时间为 10 min，补偿距离为 5 km。

（2）心算补偿距离比较分析

根据上升表速与巡航表速的差值，算出每上升 1 min 相应的补偿距离，再按实际上升时间，求出上升补偿距离。

例如：上升表速为 130 km/h，平飞表速为 170 km/h，求心算补偿距离误差。

不同时间心算补偿距离误差如表 2 - 25 所列。

表 2 - 25　不同时间心算补偿距离误差

$\Delta t/\mathrm{min}$	10	15	20	25	30	35
$S_心/\mathrm{km}$	7	10.5	14	17.5	21	24.5
$S_实/\mathrm{km}$	6.6	9.9	13.2	16.5	19.8	23.1
$S_差/\mathrm{km}$	0.4	0.6	0.8	1.0	1.2	1.4

由以上数据可以看出，心算误差在 2 km 范围内，偏差逐渐增大。

6. 心算水平距离

直升机通过地标侧方时，飞行员需要根据直升机的真高（$H_真$）和观察地标时的垂直观测角（ZG）来判断直升机与地标之间的水平距离（$S_{水平}$），以准确掌握航迹。

（1）心算原理

侧方地标水平距离与垂直观测角的关系见图 2 - 106。

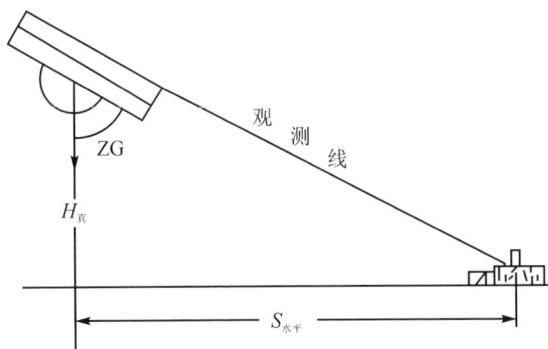

图 2 - 106　侧方地标水平距离与垂直观测角的关系

垂直观测角（ZG）是飞行员观测地标的观测线与铅垂线之间的夹角，从图 2 - 106

中可以看出,水平距离($S_{水平}$)与垂直观测角(ZG)、飞行高度($H_真$)有如下关系:

$$S_{水平} = H_真 \times \tan ZG$$

（2）心算方法

由公式可知,当飞行高度一定时,直升机与地标间的水平距离取决于垂直观测角的大小,在飞行中熟记不同观测角对应的 $S_{水平}$ 与 $H_真$ 的关系,有利于更快地心算出水平距离(见表 2 – 26)。

表 2 – 26　水平距离与垂直观测角的对应关系

ZG/(°)	26.5	45	63.5	71.5	76	79
$S_{水平}$	$0.5H_真$	$H_真$	$2H_真$	$3H_真$	$4H_真$	$5H_真$

2.3.2　心算偏流、地速和风的原理与方法

根据向量合成法则,直升机在风中航行时,可以用这三个向量构成的航行速度三角形来表示,如图 2 – 107 所示。航行速度三角形反映了各向量之间的相互关系,以及各向量组成的各角之间的关系,准确又生动地反映了直升机在风中的航行规律。

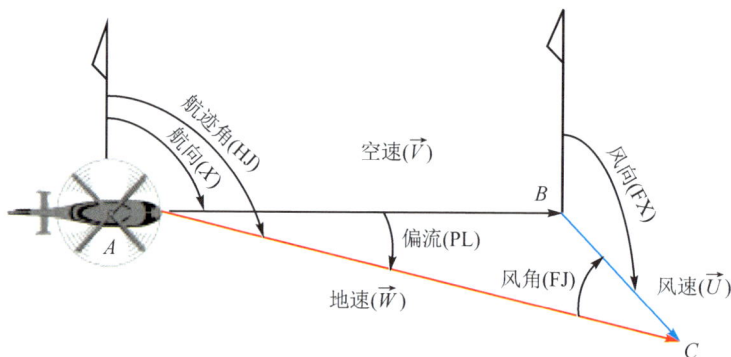

图 2 – 107　航行速度三角形

航行速度三角形由八个要素构成:航向(X)、空速(V)、风向(FX)、风速(U)、航迹角(HJ)、地速(W)、偏流(PL)、风角(FJ)。

在心算风时,主要利用罗盘来想象通过偏流、地速合成风的情形,空中飞行时知道了偏流和地速就能掌握直升机相对地面运动的情况。同时空中风是变化无常的,会从直升机的不同方向吹来,即侧风的程度不同,那么对应的风角也会不同,偏流、地速的大小也会不一样。着重对偏流和风角这两个元素进行分析,从而更易理解通过偏流、地速合成风和分解风的过程。

飞行中,由于侧风的影响,直升机会沿着下风方向偏移,这样直升机的运动方向和速度方向会存在一个夹角,在航行速度三角形中,地速向量同空速向量的夹角,即

航迹线同航向线的夹角,叫偏流角,简称偏流(PL)。左侧风时,航迹线偏在航线的右边,规定偏流为正值(见图2-108(a));右侧风时,航迹线偏在航向线的左边,规定偏流为负值(见图2-108(b)),偏流的大小和直升机的空速、风速及风向有关。

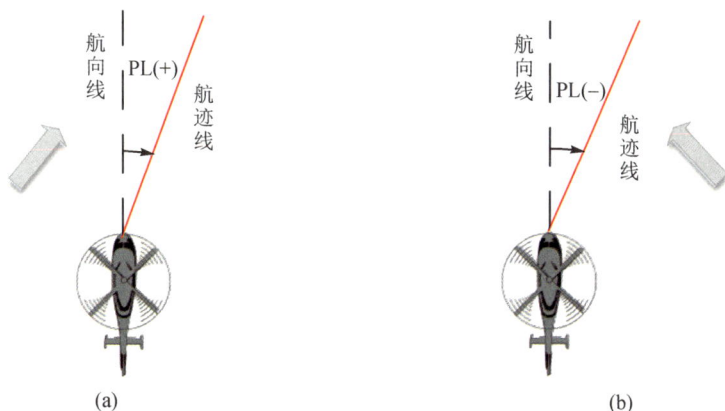

图2-108 偏流示意图

风角(FJ)是指在航行速度三角形中,地速向量与风速向量的夹角,即航迹线与风向线的夹角。它说明了直升机受侧风影响的程度。左侧风时,直升机向右侧偏移,从地速向量顺时针量到风速向量,即航迹线顺时针量到风向线,规定为正值(见图2-109(a))。右侧风时,直升机向左侧偏移,从地速向量逆时针量到风速向量,即航迹线逆时针量到风向线,规定为负值(见图2-109(b))。风角的范围是0°～180°。

$$FJ = FX_{航} - HJ$$

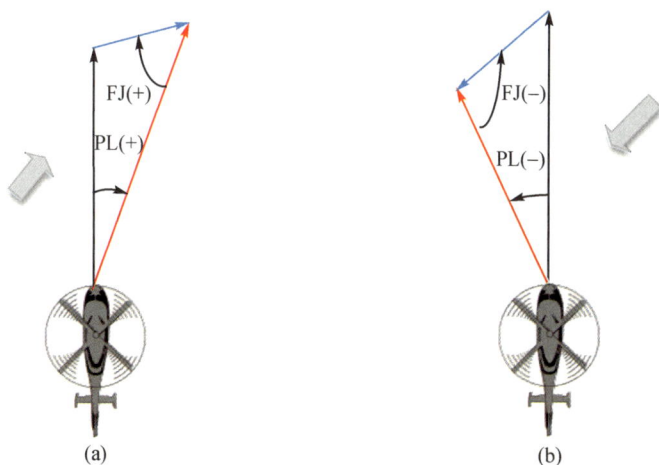

图2-109 风角示意图

从航行速度三角形的构成可知,偏流、地速的大小是由空速、风速、航向、风向四个因素决定的。偏流、地速与空速、风速、航向、风向的关系,可以用图2-110来表示。

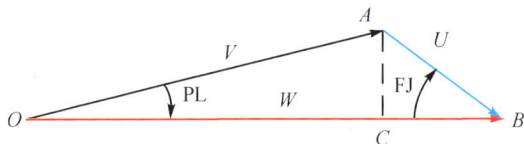

图 2 - 110　元素关系图

1．心算偏流

在图 2 - 110 所示的航向速度三角形中，应用正弦定理得

$$\frac{\sin PL}{U_{航}} = \frac{\sin FJ}{V}$$

将上式变为

$$\sin PL = \frac{U_{航}}{V} \times \sin FJ$$

因为 PL 一般比较小，而小角度的正弦函数值近似等于弧度值，可以认为 $\sin PL \approx PL$，

$$PL = 57.3 \times \frac{U_{航}}{V} \times \sin FJ$$

或写为

$$PL = 60 \times \frac{U_{航}}{V} \times \sin FJ$$

或写为

$$PL = 60 \times \frac{U_{气} \times 3.6}{V} \times \sin FJ$$

正弦值见表 2 - 27。

表 2 - 27　正弦值

角度/(°)	10 或 170	20 或 160	30 或 150	40 或 140	50 或 130	60 或 120	70 或 110	80 或 100	90
正弦值	0.2	0.3	0.5	0.6	0.8	0.9	0.9	1	1

从偏流公式 $PL = 57.3 \times \dfrac{U}{V} \times \sin FJ$ 可知，当 $FJ = \pm 90°$ 时，偏流的绝对值最大，则

$$PL_{最大} \approx \frac{57.3}{V} \times U_{航} = \frac{57.3 \times 3.6}{V} \times U_{气}$$

以不同的空速（V）代入，得到不同空速（V）对应的最大偏流（$PL_{最大}$）与气象风（$U_{气}$）值的关系，如表 2 - 28 所列。

表 2－28 不同空速(V)时的 $\text{PL}_{最大}$ 与 $U_气$ 值的关系

$V_真/(\text{km} \cdot \text{h}^{-1})$	100	120	140	160	180	200	...
$\text{PL}_{最大}$	$2U_气$	$1.7U_气$	$1.5U_气$	$1.3U_气$	$1.1U_气$	$1.0U_气$	...

飞行人员应结合所飞机型常用的空速,列出不同 V 时的 $\text{PL}_{最大}$ 与 $U_气$ 值的关系表,并且熟记,以备心算 PL 时直接采用。

由于 $\text{PL}=\text{PL}_{最大}\times\sin \text{FJ}$,因此算出 $\text{PL}_{最大}$ 以后,再心算出 FJ 的正弦值,便可求出 PL 值。

2. 心算地速

在图 2－110 中,自空速向量末端作 AC 垂直于 OB,再把空速向量和风速向量投影到地速向量上,就得到:

$$W = V\cos \text{PL} + U\cos \text{FJ}$$

由于偏流通常在 $15°$ 以内,$\cos \text{PL}=0.966\approx1$,因此,在应用中可以认为

$$W = V + U\cos \text{FJ}$$

表 2－29 所列为一些角度的余弦值。

表 2－29 余弦值

角度/(°)	余弦值(近似值)	角度/(°)	余弦值(近似值)
0	1	±105	-0.3
±30	0.9	±120	-0.5
±45	0.7	±135	-0.7
±60	0.5	±150	-0.9
±75	0.3	±180	-1
±90	0		

3. 心算空中风

飞行中将计算得到的地速、偏流换算成相对应的顺(逆)风分量和侧风分量,通过合成即可得到侧风向量。之后将得出的航行风分解到下边航线角,从而得出下边预计偏流、地速。

(1)目测法

在其他参数固定的情况下,偏流大小与风速大小相对应,即俗称的几度的偏流大致对应几米每秒的侧风,因此在飞行中求出了实测偏流,便可换算成公里每小时的侧风。另外,直升机的真空速(无风地速 W_1)是一定的,求得实测地速(W_2),便知道地速的改变量 $\Delta W(W_2-W_1)$,这样便可将偏流、地速换算成相应的顺(逆)风分量 $\bar{U}_1$ 和侧风分量 $\bar{U}_2$,二者通过合成便可以得到航行风向和风速。

例:真空速为 180 km/h,航线角为 225°,预计偏流为 −5°,保持 $CX_应$ ＝230°,实测地速为 200 km/h,检查点求得 PH＝−1°,求航行风向、风速。

1) 心算风速分量

已知真空速为 180 km/h,实测地速为 200 km/h,则 U_1＝(200−180) km/h＝20 km/h,方向230°;已知 PH＝−1°,PL＝$PL_预$＋PH＝−6°,即 6 m/s 的右侧风,即 U_2＝22 km/h,方向 230°＋90°＝320°。

2) 根据罗盘目测航行风速、风向

图 2−111　罗盘上风分解示意图

根据罗盘指示进行目测时,与航向一致的是 $\bar{U}_1$,与航向垂直的是 $\bar{U}_2$,按比例目测出风的分量,两个分量的合成方向就是航行风向(参考罗盘刻度)。

目测过程按照三角合成方法,本例中,U_1＝20 km/h,U_2＝22 km/h,U_1 与 U_2 互相垂直且基本相等,夹角即为 45°,$U=20\times\sqrt{2}\approx28$ km/h,所以这个右顺侧风与当前航向夹角为 45°,风向为 275°,风速 28 km/h。罗盘上风分解示意图如图 2−111 所示。

空中风是经常变化的,角度也不一定是整数值,两直角边的比值也是随机变化的,为了提高速度,可在地面准备时将风分量比值对应角度(见表 2−30)和常见函数值(见表 2−31)计算出来。

表 2−30　风分量比值对应角度

风分量比值(U_2/U_1)	1:1	1.5:1	2:1	2.5:1	3:1	3.5:1
角度/(°)	45	56	63	68	71	74
风分量比值(U_2/U_1)	4:1	4.5:1	5:1	5.5:1	6:1	7:1
角度/(°)	76	77	78	79	80	82

表 2−31　常见函数值

函　数	$\sqrt{1.5}$	$\sqrt{2}$	$\sqrt{2.5}$	$\sqrt{3}$	$\sqrt{3.5}$	$\sqrt{4.5}$	$\sqrt{5}$
数　值	1.2	1.4	1.6	1.7	1.9	2.1	2.2

由表 2−30 各比值对应的角度可以看出:

- 每个比值对应一个角度,差值近似为 5°;
- 黄色区域在 75°左右浮动;
- 绿色区域在 80°左右浮动。

实际飞行中,当风向与航行夹角为 $U<10°$ 和 $U>80°$ 时,可以近似认为是正顺(逆)风。将表 2-30 进行再近似简化,可以得到表 2-32。

表 2-32　常见比值对应角度

风分量比值(U_2/U_1)	1:1	1.5:1	2:1	2.5:1	3:1	3.5:1~4.5:1	>5:1
角度/(°)	45	55	60	65	70	75	80

(2)系数法

系数法和目测法合成方法基本一致,不同的是,系数法将偏流与侧风的对应关系进行量化,将不同角度下对应的偏流计算出来,与目测法相比,更加准确。

要了解偏流与侧风的对应关系,需要从航行速度三角形入手。由航行速度三角形可知,当为正侧风时,$\tan PL=U_2/V$,即风速和空速的比值,因此 $PL=\arctan(U_2/V)$(以 180 km/h 为基准空速,且当正侧风为 2 m/s 时,偏流为 1 m/s 时的两倍,以此类推)。

不同空速 1 m/s 侧风对应的偏流如表 2-33 所示列。

表 2-33　不同空速 1 m/s 侧风对应的偏流

$V/(km \cdot h^{-1})$	$\tan PL$	$\arctan(U_2/V)$	$V/(km \cdot h^{-1})$	$\tan PL$	$\arctan(U_2/V)$
110	0.03	1.72	210	0.017	0.974
120	0.03	1.72	220	0.016	0.917
130	0.03	1.72	230	0.015	0.86
140	0.03	1.72	240	0.015	0.86
150	0.02	1.14	250	0.014	0.802
160	0.02	1.14	260	0.014	0.802
170	0.02	1.14	270	0.013	0.745
180	0.02	1.14	280	0.013	0.745
190	0.019	1.09	290	0.012	0.688
200	0.018	1.03	300	0.012	0.688

由表 2-33 可知:当速度在 110~140 km/h 之间时,PL 大约为 2°;

当速度在 150~200 km/h 之间时,PL 大约为 1°;

当速度在 210~240 km/h 之间时,PL 大约为 0.9°;

当速度在 250~280 km/h 之间时,PL 大约为 0.8°;

当速度在 290~300 km/h 之间时,PL 大约为 0.7°。

不同速度下,1 m/s 的侧风对应的偏流值总结见表 2-34。

表 2 - 34 不同速度对应的偏流值

速度范围/(km·h^{-1})	110～140	150～200	210～240	250～280	290～300
偏流值/(°)	2	1	0.9	0.8	0.7

在已知顺(逆)风分量 U_1 和侧风分量 U_2 的情况下,可以合成侧风风速,这样风速便为已知量。在得知风速的情况下,按照航行速度三角形各线角关系可知:sin JA＝U_2/U(在此定义 JA 为当前侧风风向和当前航迹线的夹角),根据风向和直升机当前航迹的相对关系,可以将风向分解到四个象限中,则所有的风向便可以控制在 90°范围内,通过 U_2/U 比值的大小,利用反函数 arcsin JA 便可得到风向,如表 2 - 35 所列。

表 2 - 35 比值对应 arcsin JA 数值表

比 值	0.1	0.2	0.3	0.4	0.5
arcsin JA/(°)	6	12	18	24	30
比 值	0.6	0.7	0.8	0.9	1
arcsin JA/(°)	37	43	53	65	90

例如:真空速为 180 km/h,航线角为 225°,预计偏流为 $-5°$,保持 $CX_应＝230°$,实测地速为 200 km/h,检查点求得 PH＝$-1°$,求航行风向、风速。

1)心算风速分量

已知真空速为 180 km/h,实测地速为 200 km/h,则 U_1＝(200-180) km/h＝20 km/h,方向230°;已知 PH＝$-1°$,则 PL＝PL$_预$＋PH＝$-6°$,即 6 m/s 的右侧风,即 U_2＝22 km/h,方向 320°。

2)计算航行风速、风向

U_1＝20 km/h、U_2＝22 km/h,即 U＝20 $\times\sqrt{2}$＝28 km/h;V 和 U 的比值为 0.7,右顺侧风与当前航向夹角为 45°,风向为 275°,风速为 28 km/h。

(3)公式法

1)心算风速分量

顺(逆)风分量 U_1＝W_2-W_1;侧风分量 U_2＝$V_真/60\times$PL。实际飞行时,根据所飞机型常用的真空速,计算出心算系数 $V_真/60$,飞行中就可以按照计算出的 PL,快速心算出侧风分量 U_2。例如:直-11 高空航行时真空速一般为 180 km/h,心算系数 $V_真/60＝3$,则 U_2＝3PL。其余机型系数按照常用空速进行计算。

2)心算风速
$U＝U_1+U_2/2$ 使用条件:$U_1>U_2$;
$U＝U_2+U_1/2$ 使用条件:$U_1<U_2$。

例:真空速 180 km/h,航线角为 225°,预计偏流为 $-5°$,保持 $CX_应＝230°$,实测地速为 200 km/h,检查点求得 PH＝$-1°$,求航行风向、风速。

心算风速分量。已知 $V_真 = 180$ km/h，$W = 200$ km/h，$PL = -6°$，心算出 $U_1 = (200-180)$ km/h $= 20$ km/h；$U_2 = 3PL = -18°$。

心算风速。由于 $U_1 > U_2$，所以 $U = U_1 + U_2/2 = 20 + 18/2 = 29$（km/h）。

目测法更为直观、简便，但准确性较差；系数法和公式法较准确，但需要经过一定的计算，相对来说更为复杂，在多次练习的情况下可以加快计算速度。根据不同的航行距离和时间长短，可以选择不同的心算方法。

受空中能见度的影响，当能见度较差时，对轨迹的判断较为困难，这就要求计算精度较高，保持好航行诸元；当能见度较好时，可以通过目视准确地判断航迹，这时，对计算精度要求可以降低，可以以通过地标判断轨迹为主，航行诸元为辅。应选择适合当前飞行情况的心算方法，收到事半功倍的效果。

2.3.3 心算下一边资料

下一边领航数据心算的合理快速运用，需要扎实的心算经验和速度作支撑。在保持飞行状态的同时，对偏流、地速和航行速度三角形的判断以及如何更快地进行分解需要精力的合理分配。当随着训练次数的增加，飞行技术的逐步加强，剩余精力更加充足时，再加上地面的多次模拟训练，会逐渐加快心算速度。在实际的飞行中，通常是不能拉尺进行计算的，一是时间限制，二是需要解放双手，埋头座舱，对于直升机这类低空飞行器而言，对外的观察更为重要，这就需要注意力发散出去。

1. 固定系数法

进行领航计算时，已知气象风求偏流、地速和应飞航向时，由于尺算速度较慢，为了提高计算速度，在根据资料介绍的心算公式的基础上，进行总结归纳，将其中的系数进行大量数据比对、验证，保证较高的正确率，从而得到适合已知气象风求偏流、地速和应飞航向的心算方法，大大提高了计算速度。

表 2 - 36 是随机模拟训练题库。

表 2 - 36 已知气象风求偏流、地速、应飞航向

序 号	FX$_气$	ΔC	CFX$_航$	U$_气$	U$_航$	V$_真$	CHX	W	PL	CX$_应$
1	93	4	[269]	4	[14]	297	330	[304]	[−2]	[332]
2	62	8	[234]	0	[0]	259	156	[259]	[0]	[156]
3	98	6	[272]	3	[11]	225	79	[214]	[−1]	[80]
4	107	−4	[291]	10	[36]	317	145	[287]	[4]	[141]
5	148	2	[325]	2	[7]	317	171	[311]	[1]	[170]
6	137	0	[317]	2	[7]	278	343	[284]	[−1]	[344]
7	164	7	[337]	1	[4]	199	282	[201]	[1]	[281]

续表 2－36

序 号	FX$_气$	ΔC	CFX$_航$	U$_气$	U$_航$	V$_真$	CHX	W	PL	CX$_应$
8	207	－6	[33]	9	[32]	160	93	[174]	[－10]	[103]
9	52	－1	[233]	1	[4]	195	187	[197]	[1]	[186]
10	307	－6	[133]	5	[18]	279	286	[263]	[－2]	[288]

领航资料中介绍的心算公式：

$$PL = \frac{U}{V} \times \sin FJ$$

$$W = V + U\cos FJ$$

（1）心算偏流

在偏流的计算公式中，U、V 和 FJ（FJ＝FX$_航$－HJ）都是经过计算和给出的定值，在求 W、PL、CX$_应$时，只需要将各数值代入公式便可以得出答案。计算的重点就是 $\sin FJ$ 的大小，这里 PL 的单位为弧度（rad），使用时还应把弧度单位换算成度，由于 1 rad＝57.3°，为计算方便，可近似用 60°代替。公式就变为 $PL = 60 \times \frac{U}{V} \times \sin FJ$，这里 FJ 的单位为度（°），计算时直接将数值代入便可求出 PL 的度数。当 FJ 一定时，$60 \times \sin FJ$ 可以看作常数，只需研究 $\sin FJ$ 的系数值便可以化繁为简，快速进行心算。下面通过数据的列举来研究 $\sin FJ$ 的系数值的规律。$\sin FJ$ 的数值由两部分组成，一是正负，二是大小。

判断正负。偏流的正负：在第一和第四象限为"＋"，在第二和第三象限为"－"。在这里进行定义："以 Y 轴上半轴为起始，顺时针度数为'＋'，逆时针度数为'－'"，则无论 CFX$_航$－CHX 的度数为多少，无论是正值还是负值，都能够迅速确定位于第几象限，从而迅速确定偏流的正负。

计算数值：表 2－37 是不同风角与 $\sin FJ$ 的对应值。

表 2－37　风角对应正弦值

FJ/(°)	5	10	15	20	25	30	35	40	45
$\sin FJ$	0.08	0.17	0.26	0.34	0.42	0.5	0.57	0.64	0.7
估 值	0.1	0.2	0.3	0.3	0.4	0.5	0.6	0.6	0.7
FJ/(°)	50	55	60	65	70	75	80	85	90
$\sin FJ$	0.77	0.8	0.87	0.9	0.9	0.96	0.99	0.99	1
估 值	0.8	0.8	0.9	0.9	0.9	1	1	1	1

由表 2－37 可以看出，一定范围的风角对应的正弦值是一定的，这样正弦值可以进行简化，利用各度数范围的中间值进行计算，方便记忆，提高计算速度。通过大量

题目进行检验,最终得出如表2-38所列的正弦值,在表中所示度数范围内,用这些正弦值进行计算,基本正确。

表2-37列举了5°~90°范围的正弦值,根据正弦值函数图:90°~180°和0°~90°正弦值是一样的,当大于180°时,减去180°,将度数控制在0°~180°范围内,这样就减小了需要记忆的系数范围,如表2-38所列。

表2-38　各角度对应正弦值

度数/(°)	0~30	30~60	60~90
正弦值	0.35	0.7	1
度数/(°)	90~120	120~150	150~180
正弦值	1	0.7	0.35

根据公式 $PL = 60 \times \dfrac{U}{V} \times \sin FJ$,可以将 $60 \times \sin FJ$ 看作一个整体,并进行简化,从而得到表2-39。

表2-39　各角度对应系数值

度数/(°)	0~30	30~60	60~90
$60 \times \sin FJ$	20	40	60
度数/(°)	90~120	120~150	150~180
$60 \times \sin FJ$	60	40	20

根据象限确定偏流的正负,根据度数范围确定 $60 \times \sin FJ$ 的数值,当用心算公式 $PL = 60 \times \dfrac{U}{V} \times \sin FJ$ 时,只需要将数值代入,计算一步就可以得出偏流值;计算时只需要估计大概的倍数,四舍五入,便可以得出偏流值。

另外,此心算公式在 $CFX_{航}$ 和 $U_{航}$ 差值过小时,是不适用的,当差值小于 $10°$ 时,不建议利用此方法。

表2-40是心算结果和真实值的比较,可看出差值在 $1°$ 是正常的。当 $CFX_{航}$ 和 $U_{航}$ 差值小于 $10°$ 时,心算结果是不准确的,不具备参考价值。

表2-40　结果对比表

序　号	$FX_{气}$	ΔC	$CFX_{航}$	$U_{气}$	$U_{航}$	$V_{真}$	CHX	PL	心算PL
1	93	4	[269]	4	[14]	297	330	[-2]	-2
2	62	8	[234]	0	[0]	259	156	[0]	0
3	98	6	[272]	3	[11]	225	79	[-1]	-2
4	107	-4	[291]	10	[36]	317	145	[4]	4

序　号	FX气	ΔC	CFX航	U气	U航	V真	CHX	PL	心算 PL
5	148	3	[325]	2	[7]	317	171	[1]	1
6	137	0	[317]	2	[7]	278	343	[−1]	−1
7	164	7	[337]	1	[4]	199	282	[1]	1
8	207	−6	[33]	9	[32]	160	93	[−10]	−1
9	52	−1	[233]	1	[4]	195	187	[1]	1
10	307	−6	[133]	5	[18]	279	286	[−2]	−2

（2）心算地速

根据地速的计算公式：$W=V+U\cos\mathrm{FJ}$，V、U 都为已知量，只需要计算 $\cos\mathrm{FJ}$，便可以得出地速值。与偏流的计算步骤一样，分为判断正负和计算数值两部分。

第一步，判断正负，由 cos 函数的曲线可知，度数范围可以这样划分：

① 在 $90°\sim270°$ 和 $-270°\sim-90°$ 范围，$\cos\mathrm{FJ}$ 为"−"；

② 在 $0°\sim90°$、$270°\sim360°$、$-90°\sim0°$、$-360°\sim-270°$ 范围，$\cos\mathrm{FJ}$ 为"＋"。

当度数出现在 $90°\sim270°$ 范围时，无论正负，U 都是"−"的，除此之外，U 都是"＋"的。这样便确定了 U 的正负。

第二步，计算数值，表 2 – 41 是不同风角对应的 $\cos\mathrm{FJ}$ 值：

表 2 – 41　风角对应的余弦值

FJ/(°)	5	10	15	20	25	30	35	40	45
cos FJ	0.99	0.98	0.96	0.94	0.9	0.87	0.82	0.77	0.7
估　值	1	1	1	0.9	0.9	0.9	0.8	0.8	0.7
FJ/(°)	50	55	60	65	70	75	80	85	90
cos FJ	0.64	0.57	0.5	0.42	0.36	0.26	0.17	0.087	0
估　值	0.6	0.6	0.5	0.4	0.4	3	2	0.1	1

对 $\cos\mathrm{FJ}$ 进行简化，这里结合 $\cos\mathrm{FJ}$ 函数曲线，FJ 的正负所得的数值都是一样的，然后用大量题目进行验证总结，结果如表 2 – 42 所列。

表 2 – 42　一定风角范围对应的余弦值

度数/(°)	0～30	30～60	60～70	70～90
cos FJ	1	0.7	0.4	0.2
度数/(°)	90～110	110～120	120～150	150～180
cos FJ	−1	−0.7	−0.4	−0.2

根据表 2 – 42，将 V、U 和相应的 $\cos\mathrm{FJ}$ 代入 $W=V+U\cos\mathrm{FJ}$ 便可以得出地速大小。表 2 – 43 是心算结果和真实值的比较，可看出差值基本在 $0\sim2\ \mathrm{km/h}$。

表 2 - 43 结果对比表

序 号	FX$_{气}$	ΔC	CFX$_{航}$	U$_{气}$	U$_{航}$	V$_{真}$	CHX	W	心算 W
1	93	4	[269]	4	[14]	297	330	[304]	305
2	62	8	[234]	0	[0]	259	156	[259]	259
3	98	6	[272]	3	[11]	225	79	[214]	214
4	107	−4	[291]	10	[36]	317	145	[287]	286
5	148	3	[325]	2	[7]	317	171	[311]	310
6	137	0	[317]	2	[7]	278	343	[284]	286
7	164	7	[337]	1	[4]	199	282	[201]	201
8	207	−6	[33]	9	[32]	160	93	[174]	175
9	52	−1	[233]	1	[4]	195	187	[197]	198
10	307	−6	[133]	5	[18]	279	286	[263]	261

当在空中进行心算时,通过偏流、地速心算出的风为航行风,根据 FJ＝CFX$_{航}$ － CHJ,可以得出风角为当前实测风和航迹线的夹角,则在知道当前风的情况下,FJ 很容易得出;U 为当前风速,V 为当前真空速,这样 FJ、V、U 都为已知量,代入公式中即可得出下一边的 PL、W,从而得到 CX$_{应}$。

2. 罗盘判读法

通过心算算出风向、风速和下一边的航线角,在罗盘上想象出航行风和航线角的关系位置,明确两向量之间的方向和夹角大小,将风相应分解到航线角的横向和纵向,从而得出各方向上的速度大小。

在纵向上,顺风时,分解得到的速度为正值,则下一边预计地速即为真空速 180 km/h 加上此值;逆风时,分解得到的速度为负值,则下一边预计地速即为真空速 180 km/h 减去此值。在横向上,顺风时,偏流的正负根据风的来向确定:左侧风偏流为＋,右侧风偏流为－。分解得到的速度为 km/h,换算成 m/s,通过几 m/s 的侧风大致对应几度的偏流,得到预计偏流。

由顺(逆)风分量 $\bar{U}_1$、侧风分量 $\bar{U}_2$ 和侧风向量 $\bar{U}$ 的关系可知:

$$\cos JA = \frac{U_1}{U}, \qquad 则 \qquad U_1 = \frac{U}{\cos JA}$$

$$\sin JA = \frac{U_2}{U}, \qquad 则 \qquad U_2 = \frac{U}{\sin JA}$$

将侧风分量分解到下一边航向时,顺风时夹角为锐角;逆风时,将侧风分量分解到当前航向的反航向,也为锐角,此时的 ΔW 为负值。这样 JA 便可控制在锐角范围内,通过三角函数的计算便可得出下一边的分解侧风分量 $\bar{U}_1$、$\bar{U}_2$,再经过换算便求出下一边的偏流、地速。sin JA 和 cos JA 对应的系数和度数如表 2-44 和表 2-45 所列。

表 2-44　sin JA 值

JA 度数/(°)	6	12	18	24	30
sin JA	0.1	0.2	0.3	0.4	0.5
JA 度数/(°)	37	43	53	65	90
sin JA	0.6	0.7	0.8	0.8	1

表 2-45　cos JA 值

JA 度数/(°)	85	78	73	66	60
cos JA	0.1	0.2	0.3	0.4	0.5
JA 度数/(°)	53	45	37	26	0
cos JA	0.6	0.7	0.8	0.9	1

例如:已知风向 275°,风速 28 km/h。如果下一边航线角为 30°,预计下一边的偏流地速。

如图 2-112 所示,当前航向为 230°,下一边航线角为 30°,风向为 275°,下一边航线角的反向延长线指向 210°,与风向的夹角为 65°,近似为 60°,可以看出下一边为右逆侧风,所以偏流为负值,地速比真空速小。

图 2-112　下边航线与风相关位置图

将风相应分解到航线角的横向和纵向,如图 2-113 所示。反航向与风向的夹角近似为 60°,在纵向上风速分量为 14 km/h,方向与航线角相反,所以 $\Delta W = -14$ km/h,即下一边预计地速为 166 km/h;在横向上风速分量为 22 km/h,等于 6 m/s,近似等于 6°的偏流,由于是右侧风,所以偏流为负值,即下一边预计偏流为 -6°。

罗盘上风分解示意图如图 2 - 114 所示。

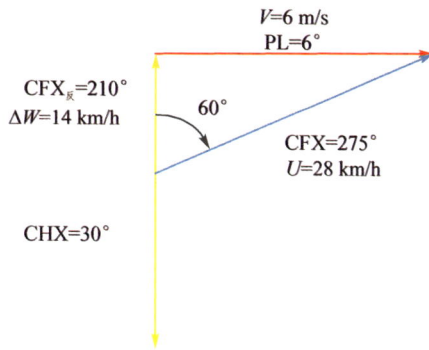

图 2 - 113　风的分解

图 2 - 114　罗盘上风分解示意图

第3章 领航准备技能

领航准备是学员在飞行前围绕本次飞行任务进行的单独个人准备,一般指在预先领航准备阶段开展的各项领航准备内容。其目的是将空中领航实施可能遇到的问题尽量解决于地面的预先领航准备之中,最大限度地减少直接准备的内容,缩短直接准备的时间,以减轻空中领航工作负担,使领航工作程序化,提高领航工作效率。

在个人准备中,想得越透彻,练得越纯熟,在航行中才能更得心应手、较快地掌握更多的领航技能。学员在地面准备不充分,不仅难以掌握较为复杂的领航技能,而且难以保证领航安全。

在受领飞行任务后,应根据飞行任务的性质、航线、要求和规定,以及教学安排,开始进行个人准备。个人准备的内容主要包括以下几个方面。

第一,地图作业。它是为了便于航行中利用地图辨认地标、检查航迹、确定位置和进行领航计算,是根据飞行任务在航空地图上进行作业的。学员必须熟练掌握地图作业的技能,准确而迅速地进行地图作业,这样可以缩短飞行前的准备时间,更是适应紧急情况升空的需要。地图作业必须按照统一的格式和符号进行标画,务求准确、清晰。

第二,准备航行资料和领航用具。航行资料主要有:机场资料、导航资料、通信资料、穿云资料,以及起飞机场的资料汇编、机场使用细则、飞行驾驶守则、训练大纲等有关飞行文件。准备的航行资料是保证飞行安全和飞行正常的基础。因此,地图作业后,必须根据飞行任务进行必要的准备,仔细核对与本次飞行任务有关的航行资料,并准备好所需领航用具:航空地图、计算尺、向量尺、记录表、铅笔和橡皮等。

第三,研究航线情况。为制定切合实际的飞行领航计划和顺利地实施空中领航,飞行前准备时必须认真地研究航线情况,应从航线的实际情况出发,正确地选择领航方法,制定特殊情况处置预案。要对整个航线情况做到胸中有数,为顺利实施空中领航创造有利条件。研究航线的范围,主要根据机型、领航准备和航行条件来确定,通常包括航线两侧大约 50 km 的地区,低空航行不超过 30 km。研究航线的主要内容包括:研究沿航线的地形、地标;研究国境线和空中禁区;研究沿航线的备降机场和迫降地带;研究可供使用的导航设备;研究特殊情况处置等。

第四,进行预先领航计算并填写领航记录表。为减少空中计算,将能够在地面计算的数据,在领航准备中尽量预先算好。计算的主要内容有:航线总距离、总飞行时间、飞行安全高度、飞行所需油量等,计算完成后填入领航记录表的相应空格内。另外,将领航记录表地面部分的其余内容一并填入表中。

第五,制定领航计划。领航计划是实施空中领航的基本依据,它使空中领航工作有目的、有步骤地进行,所以,飞行前应根据飞行任务性质、航线情况和个人工作能力制定周密的领航计划。其主要内容包括:起飞、集合和飞向航线起点的方法,进入航线的方法,测量航行诸元和检查、修正航迹的方法,准时到达的方法,搜索和进入目标的方法,进近穿云下降着陆的方法,特殊情况处置的方法等。领航计划的形式通常采用略图式或条文式两种。

领航训练前期,由于学员对个人准备的内容、方法和技能练习都不是很明确,因此,教员要讲清个人准备所包含的内容、项目,每一项内容的具体做法,甚至有的项目要讲解结合示范,如地图作业。教员应带领学员一起逐项进行准备,抓住细节,做到不遗漏。当学员有疑难问题时,要及时帮助指导学员攻克,采取强化训练的方法,使学员掌握技能要领;学员经过一段时间的练习,对个人准备技能已基本掌握,教员要适时进行检查,从中发现问题,有针对性地进行解决;当学员已较熟练掌握了该项技能时,教员要放手让学员自己做,培养他们独立工作的能力。

3.1 地图作业技能

地图作业是学员必须具备的一项领航基本技能,它既是学员领航素质的反映,也是学员对待领航工作的形象"工程",更是航行时必备工具和航行的基本依据。学员在明确任务、航线和执行任务的方法后,应当开始进行地图作业。地图作业应力求准确、齐全和清晰,适合空中方便使用。一般而言,地图作业的主要内容应根据任务的需要和平时准备的情况而确定,通常为"一画八标记"。

学员在各学习、训练阶段,要求能够在 15~20 min 内完成一条三边航线的地图作业。地图上标记的数据,距离应精确到公里,角度精确到度,时间精确到 10 s,修正系数精确到 0.1°。但在数据量算时,应允许有一定误差,即角度±1°,修正系数±0.3°,距离±1 km,时间±30 s,速度±5 km/h。

在地图作业前,学员应熟悉航空地图的认读和使用,对飞行区域的地貌概况、主要点状、面状地标分布、线状地标的走向、地标的特征及其相关位置关系、高大障碍物的标高等,要认真研究,做到心中有数、了如指掌。

地图作业的准备工作:教员选好多条航线并印成作业题;准备学员用于作业的航图 1~2 份;准备向量尺、计算尺、红蓝铅笔、2B 铅笔、橡皮、小刀等作图工具。

向量尺的使用要先熟悉尺的结构、直尺边缘的刻画所对应的地图比例尺关系,使学员看清尺上的比例尺是否与地图比例尺一致。当不一致时,应提醒学员进行比例和距离倍数关系的换算,这一点很重要;否则,在量取航线距离时会产生很大误差。将向量尺的量角器转盘部分的凸出处放置在正上方,以备量取航线角时使用。

教员要做好作业示范,以面对面的直接示范为主。示范动作力求准确、熟练、干净利落,边示范边讲解,同时,在工作作风上起到示范作用。地图作业最适宜小组或一对一的实践示范,当然,在没有小班教学条件时,在大班教学实物投影上做示范,效果也会很好。

地图作业必须保证一定的练习量,这样才能使学员形成技能和技巧,在领航模拟训练开始前,一般应练习地图作业 20 条航线以上。把地图作业练习贯穿于理论学习、模拟训练和实装训练的全过程,采取集体或小组练习的方式进行,可适时组织地图作业比赛、考试,以检验练习效果。

地图作业应从严从细入手,准中求快。应从开始时就养成严谨的程序观念和认真细致的工作作风,要求在准确的基础上,通过多次练习达到熟练程度。地图作业中,发现问题应及时纠正。要求写字、画线规范不潦草,铅笔不能来回描画,努力做到"一笔成"。

地图作业要讲究程序,避免遗漏项目,这样可以大大提高教学效果和学习质量。实践证明,地图作业前设计好程序,作业时严格按照顺序进行,是相当不错的经验。

地图作业的程序和方法如下:

第一,画圈连线再画圈。就是先圈出航线各基本点,画好航线后再找到并圈出各段航线的检查点。

第二,标高磁差标在前。为避免被自己写画的东西盖住,应先找出最高标高并标记;在地图上查出磁差并标记。目的是避免把零碎孤立的项目漏掉。

第三,横线方框先画好。应逐条边依次进行,先将距离(S)与时间(t)之间的横线和改航修正系数的方框画好,是为以后量出或算出每个数据,能够方便标记在上面。

第四,每边数据一起完。先量取检查点到航线的垂直间隔,并在航线上点出"垂足",便于量取检查点前后的两端距离。先用目测的方法确定航线角和距离的大概数值,然后用向量尺的量距尺的尺边压住航线,使"0"刻划对正航线起点,量出真航线角(ZHX),心算成磁航线角(CHX);再标出 5 min 刻划;最后量出起点至检查点、检查点至转弯点两端的距离。

根据速度条件,从计算尺上读出两端距离所对应的飞行时间(t)。从向量尺上读出或心算出改航修正系数。将上述数据标记在相应位置。

为提高地图作业的准确性和速度,应尽量减少挪动尺子的次数和转动航图的次数。标记数据时,应得出一个数据便标上一个数据。如果记忆力好,也可以把某一边航线的数据暂时记在脑子里,一次性标记完成。

第五,量画出方位线(角)。用量距尺压住预定地点与导航台,画出方位线,向量尺不要移动,量出电台相对方位角($DXF_预$)或真电台方位角($ZDF_预$),心算出磁电台方位角($CDF_预$),并将各方位角数据标记在方位线附近。

总之,地图作业的技能训练,一要按程序进行;二要达到一定的训练量;三要在训练中不断发现问题,找到解决问题的办法;四要从点滴入手,培养良好的工作作风;五要经常练习和检查作业情况,以巩固技能训练成果。只有这样,学员才能真正掌握地图作业技能。

3.2　制定计划技能

领航计划是飞行员对实施领航程序、方法和处置各种特殊情况的预先设想,也是实施空中领航的基本依据。周密而细致的领航计划可以使空中领航实施有步骤、有秩序地进行,有助于飞行员恰当地处置各种特殊情况,保证飞行任务的顺利完成。制定领航计划,应根据飞行任务的性质、航线情况和个人的工作能力等因素,安排好整个航线的主要领航工作;应在充分研究航线的基础上,制定出切实可行的领航计划。

领航计划的内容通常包括:起飞、集合和飞向起点的方法;进入航线的方法;各段航线测量偏流、地速和求风的方法;检查航迹、修正航迹的时机和方法;准时到达的方法;搜索、进入目标区和在目标区活动的方法;下降、返航飞向着陆机场的方法;进近穿云着陆或其他着陆的方法;迷航后的复航措施及可能出现的其他领航特殊情况的处置方法等。

领航计划的形式,通常有略图式和条文式两种。制定计划时,应根据个人的不同情况、准备时间的长短和教员的要求制定相应形式的计划。对于经验少的学员宜采用画出航线略图的形式(见图3-1),在略图上沿航线方向按实施程序标注各项领航工作的主要内容,这种形式的计划一目了然,便于空中查看使用;对于有一定经验的飞行员可采取条文的形式,按整个航线的领航工作程序,用条文的形式将预先的设想写在计划纸上;另外,对于经验丰富的飞行员也可以采用记忆的形式,将领航计划的

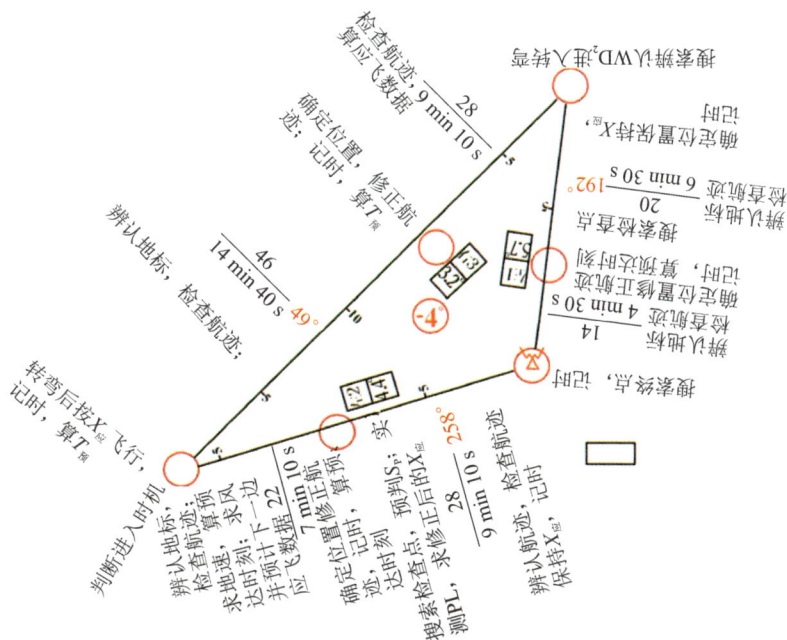

图3-1　略图式领航计划

内容记忆在头脑中,重点记忆领航的主要工作、新领航课目内容和领航特殊情况处置方法等,而不做文字标注。

制定计划比学习其他领航技能要简单,一学就会,通过少量练习也能够达到长久记忆的目的。但是,对于初学的学员来说,还是要在教员的讲解和示范后,由教员指导才能学会。教学中,应指导学员先学会画航线略图,主要看学员所画的航线方向是否与地图作业基本一致,是否把主要的领航工作内容标注上,是否有遗漏,文字书写是否规范。随着练习次数的增加,应要求学员在略图上标注(绘)航线数据、修正系数、航线各基本点地标特征草图和领航特殊情况处置预案等。当转换新领航课目时,应指导学员在制定计划时,合理安排新增的练习内容,以丰富领航计划。

学员制定计划的技能,学习、练习和形成于院校领航模拟训练和实装训练阶段,教员要抓住这个教学关键期,使学员尽快学会和掌握。通过制定计划技能训练,学员应做到独立完成、快速准确、清晰实用、符合实际。

3.3　地面演练技能

地面演练可以比较逼真、形象、完整地练习领航实施程序方法、领航计算、辨认地标、判修航迹、特情处置等,具有领航基本技能形成和熟练技术的重要作用。实践证明,只有地面准备充分,研究透彻,练习纯熟,在空中,领航训练质量才能提高。因此,必须提高对地面演练重要性的认识,加强教学组织管理,改进教学方法,教会学员地面演练技能,把凡是可以在地面练习的领航内容,都要求在地面练熟,以适合空中领航的实际需要。

地面演练的主要内容有:领航课目的实施程序、领航方法、领航测算、辨认地标、确定位置、判修航迹、利用时间、填写记录表、空中地图作业、领航设备使用和特情处置方法等。对于以上内容,在演练时应根据领航课目的特点和演练的形式不同而有所取舍。例如,初次进入航行课目时,重点练习领航程序和方法,树立程序和方法观念,使学员懂得什么是真正的空中领航;进入新的航行课目时,重点演练新内容,巩固旧内容;组织航行课目连续飞行时,重点演练克服难点、纠正错误,以及处置特殊情况的方法;间断时间较长时,着重熟悉领航设备使用、领航程序和方法、领航测算和判修航迹的方法;当日再次起飞前,着重演练克服前次的问题,巩固与加深前次航行的体会,适应下次航行条件、环境变化等。

地面演练的主要方法有以下四个方面:

一是机上实习。直接在机上的座舱内进行实习,是一种比较逼真、实际的地面演练方法。它可以使学员尽快熟悉座舱环境和各种设备,练习领航设备的使用方法,熟悉夜航灯光的使用,通信设备的使用方法,练习部分领航技能要领和特殊情况的处置方法等。根据各航行课目的内容和要求,教员要加大指导力度,要做到边示范边讲解,使学员便于观察、理解和记忆;学员实习时,教员要认真检查学员的动作和语言表述情况,在实习内容基本掌握的情况下,应多使用提问的方法,加深学员对问题的理解,还可以预设一些"小情况"让学员处置,结合飞行领航实际,有助于学员判断和处置能力的提高。通过实习,要求学员达到对座舱领航设备的位置熟、仪表刻度熟、使用方法熟,使练习内容的讲和做结合起来,做到讲得清、思路对、做得好。

二是徒步演练。它是一种最便捷的演练方法,可重点演练领航实施程序方法、领航计算、辨认地标、判修航迹和背记航行数据等内容,但在不同的学习阶段应有不同的侧重点。例如,在地面预习演练中,应侧重演练航行课目的实施程序、领航方法、航线各点的工作、航行数据等;在领航准备时,应侧重演练程序方法和某些重点、难点内容;在领航实施阶段,应结合航线、气象、训练环境等,侧重演练克服存在的问题,以及根据变化的情况完成训练任务的方法。徒步演练可借助地面画有简易地图和航线的演练场进行,以单人和小组的组织形式为主,学员以边想、边练、边讲的方式进行,教员在一旁指导,及时发现准备和演练中的不足,教员还可提出一些情况让学员分析、判断。有条件的可以借助"电子地面演练仪"进行演练,运用信息化手段全面提升演练效果。

在演练中,教员要严密组织,严格要求,要杜绝纪律涣散、精力不集中、练习不认真、"练为看"走过场的现象;要全面掌握每位学员的演练情况,有针对性地进行集体解答和个别指导,对程序不熟和方法不当的学员重点辅导;要能够及时发现学员存在的问题,准确分析其原因,灵活运用教学方法加以解决。演练力求联系实际,讲求实效,使学员做到边演练边联想边思考,不错记一个数据,不遗漏一项程序,必须人人掌握、个个熟练。

三是电脑练习。它是运用虚拟仿真技术模仿实物、实景,利用"空中领航模拟训练系统",使学员获得感性知识和技能,借以扩大和加深理性认识,提高运用理论知识解决实际问题的能力,从而收到类似实习、实际操作和实装训练的教学效果。电脑练习是一种最新的现代化、实战化的练习手段,能够提供全方位或独立的技能训练方法,以解决理论向技能转化有效衔接的问题。电脑练习应重点练习领航实施程序方法、领航计算、辨认地标和判修航迹等内容,对于培养学员发现问题、分析问题、解决问题的能力,以及培养学员细致扎实的工作作风具有重要作用。在领航理论学习阶段,电脑练习可作为实践环节练习使用,能够把抽象的理论知识直观地呈现在学员面前,直观感受成分会多一些;在地面预习阶段,可作为领航基本技能训练使用,帮助学员尽快掌握技能,以单项技能训练为主;在领航准备阶段,可进行综合练习和提高练习,以抓细节练习为主。

组织电脑练习时,教员应讲清电脑练习的方法和注意事项,并做好示范,学员在教员的带领下集体进行练习;之后,主要由学员在电脑上独自进行练习,练会的项目可以少练,难点和不达标的项目要多练,易忘的项目要反复练。教员要始终跟踪学员练习的过程,适时给予指导,掌握练习进度情况,随时讲评练习中出现的问题。对于领航技能掌握慢的学员,要帮助其分析原因,提出改进练习的方法,使其尽快赶上正常学习步伐。通过电脑练习,使学员掌握领航技能训练方法,提高领航技能水平,为领航模拟和实装训练打好技能基础。

四是模拟训练。是指利用地面领航模拟机进行的空中领航技术教学训练。这种领航技术模拟教学训练,在领航教学全过程中已经作为一个重要阶段来实施。在具体做法上,是把领航技术模拟教学作为理论学习到实装训练的一个独立环节,以便通过一定量的模拟训练,帮助学员完成从理论学习到实装训练的过渡;在领航实装训练期间穿插进行模拟训练,在领航模拟机上多练,在实装上精练,扩大模拟训练范围。

借助领航模拟机训练,可将教与学,指导与练习融为一体;把要领讲解、实际练习、效果检验等教学环节有机地结合起来,而且安全、逼真、不受场地和气象条件等限制,能够缩短领航基本技能形成周期,提高教学效益,节省训练经费。由于领航模拟机的仿真度高,又有得天独厚的优势,充分利用其进行教学,训练效益要高出实装训练若干倍。因此,针对领航模拟训练特点,应制定合理的教学预案,按照飞行"三个阶段"来组训,以飞行训练大纲为标准,采取分批进入、分组轮训的方式进行。要加强教学管理和训练考评,不断积累总结模拟训练经验,丰富教学方法,提高模拟训练效益。通过领航模拟训练,使学员熟悉领航程序,学会基本领航方法,学会领航基本技能,熟练使用领航设备,养成良好的领航工作作风和习惯,使学员全维度掌握必备的基本领航技术,为领航实装训练奠定牢固技术基础。

第4章 领航实施技能

4.1 观测计算技能

4.1.1 空中观测技能

空中领航观测,是指利用目测和设备工具测偏流,判断水平距离,目测方位角、方位线、位置线、观测角,读取(测量)各种数据,测量地标的方位、距离等所进行的工作。领航中对各种显示设备的数据进行读取,具有测量的属性,一般也把其划归为测量范畴。测量分为使用目测和利用设备两种情况。

观测技能的训练,要立足现有设备、工具,以及信息化教学训练环境和条件,在教员的指导下,学员利用领航技能训练系统和领航工具,在地面逐项练习,并达到一定熟练程度,为领航模拟训练、实装训练创造条件、奠定基础。

一是进行领航工具使用练习。预先准备练习用纸、领航计算尺和向量尺。练习纸上印有经线、航线、地标、导航台等,由教员给出航行数据,学员用计算尺或心算方法得出将要量取的数据,并用向量尺在练习纸上标画出航迹线、距离弧、无线电方位线、实测位置、推测位置、无线电位置,以及各位置的时刻等。

在练习测量垂直观测角时,指导学员携带装有铅垂的向量尺,从不同楼层,向窗外"目标"(树的根部、墙根、马路边缘等)瞄准,测量并读取观测角,教员给定真高数值,由学员心算出水平距离。

二是进行目测练习。目测是领航基本功之一,学会目测可以提高工作效率,避免领航计算出现重大差错,有益于空中领航工作顺利进行。目测主要练习:各种方位角的大小及指向、飞行距离、偏航距离、与侧方地标的垂直观测角、航迹线等。在练习目测方位角和航迹线时,可将航图上的经纬线看成平面直角坐标系,经线两端的方向分别是0°和180°,纬线两端的方向分别是90°和270°;然后,将某一点(如航线起点,某一地标等)假想为直角坐标系的原点,判断方位线的去向在哪个范围内,再结合小角度即可目测出概略方位角(或航迹角)。在练习目测距离时,在航图上把两地点之间的线段长与已知的距离线段长,利用比较法比较,即可目测出概略距离。比如,与量取并标出距离的某段航线作比较;与纬度相差1°的经线长(约111 km)作比较;以预先量出自己手指关节长或拳宽所代表的公里数,以熟记10 cm以下线段长度进行目测练习。在练习目测垂直观测角时,学员取坐姿,先用向量尺测出45°观测角,以此为基础练习各个角度的目测;也可以在模拟机或实装机上利用座舱进行练习,记住从座舱不同部位看到的"目标"所代表的观测角的数值。

三是进行领航模拟机练习。主要利用模拟机上的无线电罗盘进行无线电定位。练习时,先画好航线,将导航台设置在合适位置。航行中,调谐所需导航台,飞行到定位地区,读取方位角,在航图上按方位角画出方位线,标出位置点。应当注意的是,调谐导航台的动作要求熟练准确,导航台调好的标准是:周率对头,呼号正确,方位准确;读取方位角要求准确快速;在地图上画方位线认真细致。

4.1.2 空中领航计算技能

空中领航计算是飞行人员实施空中领航的重要工作,也是必须熟练掌握的领航技能之一。领航工作需要大量的计算,比如,预计数据、实测数据、应飞数据等都要经过认真细致的计算才能完成,而这些计算既要求准确,又要求快速完成。因此,要求飞行人员在理解计算原理的基础上,记忆公式、尺型,合理运用心算和尺算的方法,在地面反复练习并达到一定的训练量和质量标准,使大脑得到不断刺激,产生一种应激反应,在空中就能自如计算,准确而又快速,为航行提供准确、可靠的数据信息来源。

作为领航计算,要求学员学会利用所学公式、尺型,进行心算和尺算,掌握心算的原理和方法,掌握计算尺和计风仪的使用方法,对诸多领航计算进行求解,进而应用于航行中。

1. 利用公式计算方法

领航中的公式比较多、比较杂,但不外乎是简单的加减乘除法,难度很小,一些略有难度的计算,比如速度、距离、时间的换算,可使用计算尺代替心算的方法,从而提高计算精度。使用公式计算要先进行理解性记忆,知道什么时候用"加法",什么时候用"减法",如,真、磁航线角的计算,公式为 $CHX = ZHX - \Delta C$,求磁航线角时用"减法",求真航线角时就变成了"加法",为便于记忆,可记作"磁加磁等于真",反过来就变成了"减法"。计算时还应考虑到公式中的某一项(如 ΔC、ΔL、PL)数值有正负号,这样,就成了正负数加减法了,正负号不搞清楚,最容易出现计算错误。计算时,因为领航中规定各个角度都有一定范围,所以当得到的数超出这一范围时,就要进行一些处理,比如航向规定角度范围是 $0° \sim 360°$,如得数大于 $360°$,应再减去 $360°$,得数出现负数,就应加上 $360°$,从而得到一个符合规定范围的正确得数。另外,当某一公式计算练习熟练后,还可能遇到几个数据的连续计算,即把几个公式放在一起进行运算,如计算真航向,就要利用公式:$ZX = LX + \Delta L + \Delta C$,只有掌握了真、磁、罗航向之间的关系,才能合理运用公式求得任何一个航向,才不至于出现差错。

在练习公式计算时,不能仅仅把这些当作一般的数学计算来看待,心里往往觉得很简单,练起来往往会产生枯燥的感觉,要么不认真,要么不愿练,这样就达不到训练要求。练习计算时,不但要想到公式,更重要的是能够看到数字,联想到各线、角的关系,甚至头脑中应浮现出原理图,这些计算出的数据应用在航行中什么地方。不这样做,人脑就会变成简单的计算器,应用时仍然会感到无所适从。练习公式计算时,要进行逐个公式的单项练习,首先保证运用公式的准确性,在追求计算结果准确的基础上,逐渐加大练习量,再提高计算速度。

2. 利用尺算方法

领航计算尺是学员空中领航时的必备工具,对准确航行起到重要的保障作用,因此,学员要理解计算尺的计算原理,熟悉计算尺的构造、尺度和刻划,牢记各项计算的尺型,熟练计算尺的使用,以保证领航计算的准确性。

以 H-4 型领航计算尺为例,其上刻划有 14 个尺度,但常用的只用 8~9 个,用于不同的领航计算。尺度与尺度之间均有对应关系,即比例式关系。在尺的不同部位刻有固定的符号,如"红三角""红圆圈""黑三角""方框 10""m/s""‰"等,这些都可以看作是"已知数",另外已知两个数,就可以求出结果的第三个数。如计算飞行时间,把尺②的红三角对正尺①的飞行速度,从尺①的飞行距离看到尺②对应的数值便是所求的飞行时间。进行尺算时,应注意某一区段的刻划所代表的数值是不一样的,读尺时要做到"左顾右盼",避免出现差错。

在尺算时,一些数据可能在尺上找不到,可以把某一数据扩大或缩小若干倍来使用,但要注意计算尺上下对应的数据应同时扩大或缩小相同的倍数,这样才能得到准确的读数。使用尺算应做到:一转二对三读,先想后动再检查。

计风仪,顾名思义就是计算风向风速的仪器。使用时,用途最多的是已知偏流、地速求风和已知风求偏流、地速、应飞航向。

计风仪由方位盘和滑板两部分组成。方位盘又分为固定方位盘和活动方位盘,其刻度数值相同。固定方位盘分成 360°等分,在 0°、90°、180°、270°分别用"黑三角""E""S""W"代表。活动方位盘中心至 180°有一条风速线,风速线刻划分为大、小速度两种,与小速度滑板配合使用时,风速线一侧为 0~70 km(红色),另一侧为 0~140 km(黑色)。

滑板上的扇形线为偏流线,每 1°一刻划,每 5°有一明显刻划并标有偏流的数值,中心线左侧为负偏流区域,右侧为正偏流区域;滑板上的横向弧线为整数弧线,在其中心线上标有速度数值。一般当飞行速度较低时,应使用低速滑板的一面,其速度范围是 50~320 km/h;反之,使用另一面。

使用计风仪时,一要根据速度大小选择合适的速度滑板面;二要看清速度弧所代表的数值;三要注意固定和活动方位盘应当对应的数据;四要注意"风点"的准确性;五要使方位盘中心对正"真空速"数值;六要转动活动盘,尽量向离下一数据近的方向转,以节省时间。

3. 利用心算方法

航行中,飞行员(学员)常常利用心算的方法进行领航计算。心算是广大飞行员在长期飞行实践中总结出来的行之有效的计算方法,实践证明,当不方便使用尺算,只求概略计算时,需要快速得出计算结果,就可以使用心算。心算最大的优点是方便、快速、节省时间,还可与尺算结果互相对照验证,及时发现计算误差和差错。学员平时应多进行练习,不断总结经验和方法,掌握心算技巧、方法,并应用于航行实践。

关于心算,一般可分为利用公式心算和经验法心算两种。因为领航中的许多公式非常简单,正如前面所提到的利用公式计算,也属于心算部分,二者没有明显区别,这里不再赘述。至于经验法,则需要认真研究,以及飞行(学)员之间通过互相学习、分享经验和技巧,再经过地面反复练习才能熟练掌握。

在航行中,主要应用的心算有:时间、距离、速度、偏流、地速、真空速、反方向、补偿距离和背台算偏流等。如何进行心算,这里只作简要叙述。

一是心算时间、距离、速度。按每分钟的飞行距离进行心算;可以把时间看成一小时的几分之一,求出距离与速度的比值进行心算;以 6 min 作基础,1 min 作调整进行心算。

二是心算偏流、地速。利用偏流、地速两个数学公式,即 $PL=U_航/V\times60\times\sin FJ$,$W=V+U_航\times\cos FJ$。

三是心算真空速。利用公式:$V_真=V_表+H_{760}/100+(t_地-15)/3$。

四是心算反方向。若某一方向为两位数,则两位数中的"十"位数减 2 移至"百"位;若某方向为三位数,则将三位数中的"百"位数减 2 移加至"十"位数。

五是心算补偿距离。根据上升表速与平飞表速的差值,算出每上升 1 min 相应的补偿距离,再按实际上升时间,求出补偿距离。利用公式:$\Delta S=V_平-V_升\times t_升$。

六是心算背台偏流。若准确通过起点出航,利用公式:$PL=CFF-CX_均$;若不准确通过起点出航,则利用公式:$PL=CFF-CX_均-(d\times K_{PH})$。

需要说明的是,不管用什么方法进行心算,都离不开基本公式,只要把公式变成简单的、符合本机型常用的一些固定数值进行心算,就能收到较好效果。因此,心算必须掌握基本方法,运用时要灵活选择各种方法;要熟悉基本公式(数据),加强基本运算能力训练;学会化繁为简,把相对复杂的问题简单化;要善于归纳总结,持之以恒,熟练并掌握计算方法。

4.2 辨认地标技能

空中辨认地标是在能见地面的情况下进行的。在航行中,辨认出的地标可用来确定位置,进而为检查和修正航迹奠定基础、提供必要条件。它也是地标领航方法的先决条件,没有地标也就谈不上地标领航。辨认地标后,可以解决许多领航问题,不仅如此,在其他领航方法中,只要在空中能看见地面,都可用地标来弥补领航过程中的不足,进而提高航行的准确性。因此,辨认地标是利用地标的前提,辨认地标技能便成为学员应掌握的一项重要技能。

辨认地标分为辨认预定地标和辨认临时地标两种。通常是有计划地辨认预定地标,空中辨认时,按照预达时刻、对正地图、确定范围和搜索辨认四个步骤去做。一般来说,前面三步比较容易做到,但第四步搜索辨认是关键,能否快速准确找到地标在此一举。特别是初学者会感到辨认地标很难,认错的概率比较大,过去我们也一直把辨认地标确定为教学难点。在实践中,要正确运用搜索地标的方法,即视线应按照由两侧向前,由近及远,由面到线,由线到点,由大到小,由明显到一般的顺序进行;发现地标后,应以其为中心,将视线扩展到附近的其他地标,从地图到地面,反复对照,以其本身特征及地标间的相关位置为依据,兼顾航迹和飞行时间,即辨认地标四要素(航迹、时间、本身特征和相关位置),通过分析比较对地标加以辨认和确认。

辨认地标技能的训练方法如下:

1. 运用讲解法讲清理论

根据所飞机种(机型),讲清从高、中、低空辨认地标的特点和方法,所飞地区辨认地标的不同之处,以及各类地标在不同高度、不同距离、不同时段、不同地形、不同能见度的情况下如何观察、辨认。教育学员辨认地标要带着不同的视角去看,带着不同的问题去看,带着不同的想法去看,带着不同的情况去看。

2. 使用经验介绍法

教员的空中经验比学员丰富,所闻所见较多,把辨认地标的心得与学员一起分享,可以是成功的经验,也可以是失败的教训。虽然学员还未开始领航训练,通过教员的经验介绍,头脑中会树立概念、确立印象,学到书本上找不到的好方法、好经验,对于学员领航技能的培养会起到更加直接的作用。

3. 利用录像片、网络三维地图训练

通过反复观看录像片、网络三维地图加上教员的讲解,使学员首先认清各类地标从不同高度和角度所呈现的景象,然后区分各类地标的特征,再进一步明确在领航上有价值的地标所代表的意义。由此,学员在空中见到地标时就不会感到茫然了。

4. 在模拟机上训练

学员掌握技能必须经过实践环节的训练才能实现,在教员讲解辨认地标的有关理论之后。在领航模拟机上训练,会缩小理论与技能的距离。模拟机的视景虽然有不够清晰,地标背景颜色与实际出入较大,一些小、细、散地标还无法显示出来,立体感不强等问题,但是,作为学员的领航基础训练,在很大程度上可以满足训练要求。所以,在辨认地标教学环节上,应充分发挥模拟机的特有优势,并结合其他训练内容,重点搞好辨认地标的教学。如以一条航线作为范例,指导学员按照辨认地标的步骤,依据辨认地标四要素,系统讲解,具体指导,利用模拟机的暂停功能,使视景停留在某一瞬间,让学员有充分的时间思考、分析、判断和辨认。教员可以走向地景幕前详细引导学员的视线,让学员看清地标出现的方位、地标所在位置、地标的特征,与其他地标间的位置关系,以及根据哪些因素才能找到地标,怎样确认该地标就是应辨认的航图上的地标等。

5. 在实装机上训练

百闻不如一见,眼见才能为实,在空中看到的地标才最真实、最鲜活。在以前的训练中,学员已经对辨认地标有了一定的感性认识和基础。那么,怎样在五颜六色、纵横交错、眼花缭乱的大地背景中迅速准确地找到所需地标,在教学上还要下一番功夫。在实装机上的领航训练,受到各种条件、环境的限制,对于辨认地标会产生许多不利影响,给辨认地标造成麻烦,教员要根据不同的空中情况,灵活运用教学方法。应以指导教学法为主,辅以提示、提问教学法,并适时观察学员辨认地标是否注意时间(时刻),视线是否合理,寻找地标的方法是否得当,辨认地标是否符合准确快速的要求;是否有方法不对、观察不细、判断不准、犹豫不决的现象和问题。针对以上问题,教员应采取措施帮助学员解决,尽快提高学员辨认地标的技能水平。

4.3　空中定位技能

空中定位(也称为确定位置),是指学员利用航行规律、目视和领航设备对航空器的位置进行判定、确认的过程。位置是领航中需要解决的三个基本问题之一,十分重要,必须做好。位置问题解决不了,对于解决其他领航问题就失去了最基本的条件。如果在空中不知道位置在哪里,实际上就已处于迷航状态,领航的其它问题也就无从谈起。因此,在教学中,把空中定位技能训练当作重点进行教学,使学员牢固树立航迹位置观念,学会空中定位的方法,掌握空中定位技能。

航行时,对航空器进行空中定位,学员要掌握概略位置,适时掌握精确位置。根据领航方法不同,获得位置的方法也不同。

当使用推测领航方法时,多采用按航迹推算位置,即根据飞行中记录的平均罗航向和测量(或计算)的偏流,按公式求出航迹角:$ZHJ_预 = LX_均 + \Delta L + PL + \Delta C$;在航图上,从推算位置开始,先画出航迹线,再按飞行时间和地速(空速)求出已飞距离,沿航迹线方向截取这段距离,便得到某一时刻的推算位置。如沿航线飞行,可以把航线看作是近似的航迹,根据空速、飞行时间,以及航线上标示的时间分划,用目测的方法掌握概略的推算位置。又如,需要频繁转弯作折线飞行,还可以按无风航迹推算位置。

当使用地标领航方法时,主要通过辨认出的地标进行空中定位,此位置是实测位置,也是精确位置。如从地标一侧通过,在地标正侧方用观测角法,测量出与地标之间的水平距离($S_{水平}$)。其方法是:用装有铅垂的向量尺瞄准地标,测出地标的垂直观测角(ZG),按公式:$S_{水平} = H_真 \times \tan ZG$,用计算尺或心算出水平距离,这样即可确定位置。如沿航线飞行时,还可以利用不同设备和方法获得两条位置线来确定位置,即联合定位。航行中,用所画的航迹线与垂直于航线的线状地标相交于一点,即是航空器飞越线状地标时的位置;按测得的地速和飞过时间算出的已飞距离为半径画圆弧,与近似平行于航线的线状地标相交一点,也可确定位置。

当使用无线电领航方法时,主要采取单电台、双电台和位置线来确定位置,它属于实测位置。如航行中,同时测出两个电台的不同磁飞机方位角,换算成真飞机方位角,在航图上画出这两条方位线,那么,交点就是测方位角时刻的位置。如航行中,在航线侧方只有一个电台可以利用,可以用"截距法"(也称 45°法)进行定位。地面准备时,选择两个特殊角,第一个 $CDF_1 = CHX \pm 45°$,第二个 $CDF_2 = CHX \pm 90°$(公式中,电台在右取"＋";电台在左取"－")。航行中,当无线电罗盘指示 CDF_1 时打开秒表,指示 CDF_2 时关闭秒表,读取已飞时间,根据地速,求出飞过距离,然后从电台向航线做垂线,按已飞距离在垂线上截取一点,就得到测第二个方位角时刻的位置。又如,航行中,根据天气条件和掌握的资料,还可以利用位置线确定位置,主要有无线电位置线与线状地标、无线电位置线与距离弧、无线电位置线与航迹线等联合定位方法,可根据空中实际情况和需要选择定位方法,并加以灵活运用。

空中定位技能的训练方法如下:

一是讲解示范法。教员讲透各种确定位置的原理、方法、步骤和注意事项,使学员明白其中的道理,学会方法、步骤,掌握该项技能必要的手段;教员要在一些项目上做好示范,重点是按方位角在航图上如何准确画出各种方位线,要求学员跟随一起练习,把看似简单的工作项目练会、练熟。

二是模仿练习法。在教员讲解、示范后,动作模仿方面可练习画航迹线、地速弧、无线电方位线、标记位置、标记时刻,领航设备的使用,计算尺、向量尺的用法,测量垂直观测角等;方法、步骤方面的模仿练习,主要让学员练习各种确定位置的实施方法、步骤和要领,学会观察、判断和处理各种相关问题的方法。

三是作业练习法。教员以布置作业的形式,给学员交代练习任务,在标有航线和数据的练习纸上进行练习;教员应作指导检查,发现练习中的问题,及时予以处理;练习完成后,学员之间应对照练习结果,学会找出问题和不足,并分析原因、制定改正措施。通过一定量的练习,达到逐步提高空中定位技能的目的。

四是机上练习法。指的是模拟机和实装机上的练习,它是空中定位技能形成、巩固和提高的关键。机上练习可以收到全面练习和重点练习相结合的训练效果。在教学中,应根据学员地面练习的效果和接受能力,在空中正确运用提示、指导、提问、机会等教学方法。重点对三种基本领航方法中确定位置的具体做法进行有针对性的教学,不但使学员增强对空中定位重要性的理解和认识,而且确实掌握该项技能。

4.4　判修航迹技能

判修航迹是判断与修正航迹的简称。它是领航中心智技能的重要表现方面。

4.4.1　判断航迹技能

进入航线后,由于空中风的变化,仪表误差,飞行人员测量、计算不准确,保持航行诸元不好等原因,航迹仍会偏离预定航线,到达预定地点的时刻也常和预计的不一样,这种现象几乎每次航行中都会发生。为了在航行中根据航迹偏差适时地进行修正,准确、准时地引领航空器到达预定地点,就必须经常、有计划地检查判断航迹。那么,检查判断航迹,就是准确找出实际航迹,判明它同预定航线之间存在的偏差。检查一般分为方向检查、距离检查、全面检查和分析航迹。

1. 方向检查

就是从方向上判明航迹是否偏离了航线,偏在航线哪一侧,偏了多少,保持原航向飞行是否能够准确到达预定地点。检查时,当脱离某一实测位置后,记录平均航向,测出偏流,算出平均航迹角,在航图上画出或目测出航迹线,将其与航线进行比较,便可进行方向检查。当航线附近有与航线近似平行(其交角不大于 15°)的线状地标时,先辨认出该地标,确定与线状地标的水平距离,再根据线状地标与航线的关系,也可进行方向检查。当先后确定了两个精确位置后,两个位置的连线便是实际平均航迹线,用向量尺压住两个位置,就确定了航迹线,从而实现对航迹的方向检查。

2. 距离检查

就是从距离上判明航空器飞到了航线的哪个地段,地速有无变化,保持原空速飞行能否按预定时刻到达预定地点。检查时,当脱离某一实测位置后,已知地速和飞行时间,求出已飞距离,在航图上画出或目测出距离弧,根据实际地速与预计地速大小的比较,确定到达预定地点的时刻是否有所变化,便可进行距离检查。当航线上有与航线垂直或近似垂直(其交角在 60°~120°之间)的线状地标时,辨认出该地标后,确定概略位置,用实际飞行时间与推算的时间进行比较,便可知航空器是早到还是晚到预定地点。

3. 全面检查

就是确定了精确位置后,同时对方向和距离两方面进行精确的全面检查。全面检查时,当利用推算的方法求得推算位置后,即可进行全面检查。利用确定的精确位置,可对航迹、距离进行精确检查,通常在航线检查点进行。

4. 分析航迹

分析航迹的目的是掌握航迹的来向和去向,明确航迹产生偏差的原因,并为以后修正航迹提供可靠依据。分析航迹不仅要弄清航迹的过去和现在,更重要的是要预见航迹的未来发展趋势。应把现在的位置和以前的位置,现在的偏流、地速和以前的偏流、地速联系起来一起进行分析。若想准确地掌握航迹和分析航迹,就要在航行中经常地掌握推算位置,它是确定实测位置的基础,应适时地确定实测位置。利用地标和其他领航设备来进行检查,航行中重要的是随时知道最近两个实测位置,它能够反映实际的航迹情况,可对航行状态作出真实的有预见性的判断;加强航迹分析,还要分析产生航迹偏差的真正原因和判断航迹未来的发展趋势,为选择合适的方法进行航迹修正提供依据。

4.4.2 修正航迹技能

检查判断航迹后,如发现航迹偏离了预定航线且不能飞到预定地点,就应修正航迹。修正航迹就是重新确定应飞航向,使修正后的航迹通过预定地点,并采取一定措施,按预定时刻到达预定地点。修正航迹包括方向和距离两个方面的修正。应根据航行的需要和空中实际情况具体选用修正航迹的方法,方向修正常用的方法有:实测偏流修正法、偏离角修正法、航迹修正角修正法等。当然,修正航迹的方法还有很多,应根据航行状态情况具体运用。

实测偏流修正法。通过起点后,保持一定航向飞行一段距离,测出实际偏流,用公式 $CX_{新应} = CHX - PL_{实}$,重新确定应飞航向,但以后的航迹与航线平行。

偏离角修正法。当航行中发现航迹偏离了原航线,并确定了精确位置时,应从新的位置开始,确定新的航线,重新求出新的航线角和应飞航向,从而沿新航线飞往预定地点。新的航线角等于原航线角加上(或减去)一个偏离角,即 $CHX_{新} = CHX_{原} \pm LJ$;新的应飞航向等于新航线角减去一个偏流,即 $CX_{新应} = CHX_{新} - PL$。

航迹修正角修正法。当航行中先后确定了两个实测位置时,它们之间的连线必然是这段飞行时间内的平均航迹,飞过航迹的延长线与新航线之间的夹角,称为航迹修正角。若想沿新航线飞到预定地点,必须在原平均航向的基础上改变一个航迹修正角,而航向改变不大于 $15°$ 时,偏流变化很小,可以认为航向改变量与航迹角改变量是近似相等的。在航行中先确定第一个位置,记录平均航向,再确定第二个位置,按航迹修正角等于偏离距离乘以航迹角修正系数,即 $XZ = SP \times KXZ$;再按新的应飞航向等于平均航向加上(或减去)航迹修正角,即 $CX_{新应} = CX_{均} \pm XZ$,保持新的应飞航向,就能沿新航线直接飞向预定地点。

修正航迹的前提是确定精确位置,先对航迹进行全面检查,再按计算出的新的应飞航向飞行;否则,盲目地改变航向会给领航整体工作造成被动,甚至容易导致迷航。在检查航迹时,如预见航迹发展对后续航行不利,应及时修正,但又不要过于频繁,航迹过于曲折会对以后的领航工作造成困难,如果航迹偏差不大,最好选择到达检查点时进行修正。在修正航迹时,不仅要考虑修正当时存在的偏差,还要考虑修正后是否便于掌握位置、选择修正航迹的方法,使未来航迹偏向利于搜索地标、确定位置的一侧。

判修航迹技能的训练方法如下:

① 地面训练时,讲清检查与修正航迹的原理、方法、步骤,带领学员做相关内容的练习题,再利用航图进行模仿练习,重点练习标画(或目测)航迹线,有关领航计算,方向、距离和全面检查的方法,分析航迹的方法,修正航迹的方法等。学员在练习过程中,按照教员讲解示范的要求,动脑又动手,逐步学会判修航迹技能。

② 空中教学时,指导学员根据空中情况,灵活运用已学知识和技能,解决检查航迹、修正航迹的问题。在空中各种情况下或其发生变化时,使学员能够自如应对。

③ 在空中众多信息中,教会学员用眼去观察、用心去感受、用脑去分析,综合处理信息,加工利用信息。特别是对于航迹偏离航线原因的分析,找准问题的根源所在,才能判断准确,为修正航迹提供条件。这样修正航迹才会有根据,修正航迹方法才能选择正确,对后续领航工作的主动性和预见性才会有帮助。

④ 训练组织形式以大班、小班、小组、个人均可,但人数越少效果越好,可根据学员的不同训练阶段以及其他不同情况,视情掌握。

4.5 使用设备技能

机载设备、仪表是飞行(学)员驾驶航空器的基本依据,是保持飞行状态的参考。作为领航使用时,部分设备、仪表便成为领航信息的来源。通过仪表指示,反映航行状态和航行基本数据,利用好领航设备、仪表,对于顺利实施空中领航具有重要意义。因此,学员必须正确、熟练使用领航设备、仪表。

直升机上常用的领航设备、仪表主要有:无线电设备、磁罗盘、无线电罗盘、时钟、高度表、空速表、大气温度表等。因为各机种(机型)的设备、仪表不尽相同,这里只作笼统叙述。

1. 罗 盘

罗盘是利用磁条测量经线的方向,并指示出航向,为飞行员提供稳定的航向基准。罗盘分为磁罗盘和电磁罗盘。

磁罗盘(俗称水罗盘)一般安装在前风挡框中间上方,在两个飞行员之间,指示器刻度范围是 $0°\sim360°$,每 $5°$ 一短划,每 $10°$ 一长划,每 $30°$ 标有数字。读取航向时,应移动身体上部,对准指示器中间的长竖线,即可读出航向的数值。因为磁罗盘的刻度盘漂浮在仪表油中,当飞行状态不稳定时,对读取航向会产生影响,应待其稳定后再读。

电磁罗盘一般安装在中央仪表板上,两名飞行员前面各装一个。现代航空器大多将电磁罗盘和无线电罗盘合为一个指示器,即综合罗盘指示器(也称组合罗盘),但它们分别受各自的单元控制。电磁罗盘指示器固定部分的正上方有一"红三角",称为航向指标,读取航向就是以它为基准所对应的数值;另外,每隔 $45°$ 还有七个"白色三角"。内圈表盘部分刻划为 $0°\sim360°$,$0°$、$90°$、$180°$、$270°$ 分别用 N、E、S、W 表示,每 $5°$ 一短刻划,每 $10°$ 一长刻划,每 $30°$ 标有数字,读取航向数值时均应乘以 10,如罗盘中的"6",代表航向 $60°$。使用时,地面接通电源开关 1.5 min 后,需要按下快速协调按钮,当航向稳定,此时即为停机航向,检查指示是否正常,检查电磁罗盘与磁罗盘指示是否一致。航行中,在飞行状态不稳定(如转弯)时,不能按下快速协调按钮,应待转弯结束状态稳定后再按。读取航向时要快速准确,要兼顾航向指标左右的刻划和数值,避免读取航向出现差错。

2. 无线电罗盘

无线电罗盘是一种中短程导航设备,向飞行员提供无线电方位信息,从而利用其进行领航。它与地面导航台组成一套导航系统,通过机上无线电罗盘控制盒,可以调谐所需导航台,在指示器上的指针便指示出航空器与导航台之间的方位关系。在综合指示器上,无线电罗盘与电磁罗盘共用一个刻度盘,不同的是无线电方位角是从指示器上的"黄针"读取的,指针头部指示的是磁电台方位角(CDF),指针尾部指示的是磁飞机方位角(CFF)。

使用无线电罗盘时,首先要调准所需导航台,尤其在云中做向台飞行时,以免飞错方向。用无线电定位,读取方位角要快速;要选择进入较近的预定方位线,选择预定方位线近似与航线垂直的导航台,注意掌握进入的瞬间;背台测偏流要准确通过起点导航台,保持一定航向飞行一段合适的距离后再进行测量;读取方位角时可能由于距导航台较远,信号较弱,或可能由于电离层、雷电干扰,或调谐导航台不准确等原因,遇到指针指示不稳定的情况,此时,注意使用人工定向的方法读取方位角平均值。

3. 领航时钟

时钟(也称领航时钟),是飞行员在空中的计时工具,也是解决领航时间问题的重要设备,可以为飞行员提供飞行时间小时、分、秒的计时,并用来计算续航时间、航程、地速和预达时刻等。

领航时钟指示器上一般有6～7个指针、3个刻度盘、4个刻度值、2个旋钮。使用时,顺时针转动左下方的旋钮进行上弦,拔出旋钮并逆时针转动可对时,一按此旋钮打开续航时间表,二按关闭,三按指针回零位。领航时钟指示器右下方的旋钮控制秒表,一按开始计时,二按停止计时,三按秒表指针回零位。读表时要弄清每个刻度盘上的刻划,哪一个指针走一格或一周代表多少,以防读错。另外,由于领航时钟较小,刻度盘和指针较多,加之振动和光线的影响,不易看清指针,注意读表时按照"先读秒,后读分,再读时"的顺序进行。

4. 高度表

高度表是用来测量航空器到某一基准面垂直距离的仪表。高度表分为无线电高度表和气压式高度表两种。

无线电高度表用于测量航空器相对正下方地面的真实高度,由收发机、天线、指示器及附件组成。各机型的指示范围大多在1 500 m以下,主要为低空(超低空)、起落飞行时提供精确高度。

气压式高度表是根据高度升高大气压力减小的规律,通过测量大气压力来指示相对某一气压面的垂直距离。刻度窗、调整旋钮各一个。

使用无线电高度表时,要掌握不能超出表指示的最大范围,超低空飞行时,不能低于预警高度,注意红色警告灯的指示;测量真高时,下方地势应平坦,否则会有误差。

使用气压式高度表时,应熟悉刻度盘的刻划代表的高度数值,长、短指针各自代表的数值。场内飞行一般使用场压高,在地面,表上气压窗口上场压,双针应指"0";场外和转场飞行使用标准气压高,需要在起飞后一定时机进行场压到标准气压的调整;注意对气压高度表的各种误差进行修正,保证其指示的准确性。

5. 空速表

空速表是用来测量航空器相对空气运动速率的仪表。飞行员根据空速表的指示,判断和操纵速度的大小。

直升机上的空速表指示器一般由刻度盘和一个指针组成,一般指示范围也较小,从 50 km/h 开始刻划,每 10 km/h 一刻划,每 50 km/h 一个数字,读表时数值应乘以10。空速表指针指示的数据称为表速,因为空速存在仪表误差和密度误差,要想得到真空速,还需要根据飞行高度、空中温度、用计算尺进行换算。

6. 大气温度表

大气温度表是测量空中外界大气温度的仪表,为飞行员提供飞行高度上外界大气温度数值,可用于表速与真速、表高与气压高等的换算,也可使飞行员掌握外界气象条件(如是否可能产生积冰等)状况。

综上所述,领航设备、仪表的使用和判读,对于学员的领航工作至关重要。学员对领航设备的使用和仪表的判读,是领航技能中必不可少的一环。领航设备、仪表的使用练习,应做到"五熟悉",即:熟悉各领航设备、仪表的构成和工作原理,熟悉控制部件的操作,熟悉指示器的刻度盘、指针,熟悉控制部件和指示器的安装位置,熟悉各仪表特点和认读注意事项。教学时,运用 PPT、设备、仪表实物、模拟器材等,通过教员讲解、示范,学员加强练习,达到原理清、使用熟、读表准的要求。

4.6 利用时间技能

利用时间技能的训练方法如下:

首先,讲解领航时钟的基本构造、原理和使用方法,通过讲解使学员熟悉使用领航时钟进行上弦、对时、开关表、认读时间和时刻;熟悉使用电子数字领航时钟进行对时、检查和各按键的操作等。教育学员理解领航时钟在航行中的重要地位和使用意义,使学员掌握利用时间完成相关领航工作内容的方法,教会学员使用、认读领航时钟。

然后,利用地面准备时间,按照利用时间技能的训练内容,先进行单项认读、操作练习,后结合其他领航工作内容一同练习,重点解决利用时间进行领航时钟的认读使用、领航计算、判断时机、有序开展领航工作等问题。借助实物、教具、座舱、计算机和模拟机等进行练习,教员应通过讲解、示范、提示、检查、纠错、讲评等教学方法,指导学员练熟领航时钟的使用,练会与时间相关的练习内容。

最后,利用地面演练时机,教员可有意识地锻炼学员用手表认读时间、时刻,选择合适时间点提问学员,并结合演练内容,给出不同的时间和时刻或用于计算,或用于检查判断等。平时,还可按时间规定学习任务,按时间完成某项工作,按时间安排日常生活内容等,使学员养成遵守时间的良好习惯,增强时间观念,强化学员时间意识,树立时间概念,切实把时间问题提高到重要位置,并在领航工作中得到充分体现。

4.7 特情应对技能

领航特殊情况是航行中的不正常情形,如果处置不好会危及飞行安全。从产生的原因看,领航特殊情况主要是因飞行人员领航程序和方法错误、违反领航规则,机上领航设备故障或使用错误,组织指挥、天气、地面保障不良等造成的。领航特殊情况客观存在,出现是绝对的,不出现是相对的,与正常航行情况相比,它具有突发性、危害性、紧迫性、关联性、多变性的特点。在研究领航特殊情况处置时,应充分认识这些特点。把握领航特殊情况发生、发展规律和处置原则,有针对性地对学员加以训练,以保证完成飞行任务和飞行安全。

特情应对技能,是指飞行人员在航行中,掌握、运用基本技巧和方法正确处置领航特情的能力,是飞行人员完成空中领航工作必备的技能之一,它对于航空器的安全飞行至关重要。空中遇有领航特殊情况,能否沉着冷静,正确处置,转危为安,是需要平时进行相关的学习训练才能做到的。为此,学员的特情应对技能的培养,应采取主动式的教学方法,灌输安全思想、观念,开展领航特殊情况研究,利用各种教学手段加强训练,同时,要重视学员的心理品质训练。通过训练,使学员牢固树立安全观念,消除侥幸心理,从理论上弄清领航特殊情况的机理,地面加强特殊情况研究和准备,做到常备不懈,利用模拟器材专门进行领航特殊情况处置训练,把处置方法练熟,以应对航行中可能出现的领航特殊情况,使学员的特情应对技能发展起来。

特情应对技能训练主要有以下几个方面:

1. 加强安全知识教育,提高安全意识

为使学员树立安全观念,就要在教学中始终坚持安全教育,使学员明确什么是领航特殊情况,是如何产生的,它的危害有哪些。掌握特殊情况发生、发展一般规律,熟悉领航特殊情况的处置方法;根据不同的学员、课目、季节、训练时机和航行条件等特点,紧密结合教学训练实际,开展安全预想活动,消除事故隐患;教育学员必须严肃认真地做好地面处置特殊情况准备,一丝不苟地对待空中领航工作,树立"保证安全我有责,我要积极保安全"的思想,要时时讲安全,刻刻安全不放松。

2. 广泛开展特情研究

既然特殊情况不可避免,那么,一定要从理论上分析各种常见领航特殊情况产生的机理、表现的特征和导致的后果,做到"知其然"又"知其所以然"。把理论问题弄清楚后,研究正确处置特殊情况的方法,制定处置预案,把能够预测和可能发生的问题,认真进行梳理,处理好安全上的大问题与小问题,训练上复杂与简单的关系,达到从根本上解决处置领航特殊情况的理论问题的目的,把领航安全工作牢牢把握在手中。

3. 加强学员心理品质训练

要提高学员处置领航特殊情况思维的灵活性、敏捷性,在特殊情况出现时能够做到遇乱不惊,变被动为主动,沉着而不慌张,及时做出判断决策并实施正确处置。这种沉着、果断是心理学范畴的情绪、性格、意志等方面的重要品质,这些品质主要是后天在长期的实践中形成的,一旦形成便具有相对稳定性。因此,学员心理品质的培养就显得尤为重要。教学中,应依据飞行活动中的心理规律和要求,有意识地对学员心理过程和个性心理特征施以影响,使学员学会自我调节心理状态,保持心理稳定性,为执行各种飞行任务做好心理准备。心理品质训练方式方法有多种,主要有讲解训练、意向训练、模拟训练、特殊情况训练、心理调节训练和体育训练等方法。只要训练得法,坚持不懈,就能收到好的训练效果。

4. 进行特殊情况处置训练

一是地面演练:利用地面演练时机,在学员练习正常领航程序、方法、计算时,教员应有计划地给学员"假设"领航特殊情况,学员根据情况讲述处置方法。坚持利用飞行准备、日常特情知识问答等机会,抽查学员对特情准备和特情知识的掌握情况,锻炼学员领航特殊情况处置能力。二是模仿练习:由教员做示范,把领航特殊情况的发现、判断和处置的三个环节教给学员,再由学员模仿教员的做法进行练习,这样,学员既学到了方法,又增强了记忆。三是模拟机练习:这是学员练习实际处置领航特殊情况的主要方法,是实践能力培养的重要环节,是学员形成特情应对技能的关键,应充分加以利用,教员要设置好"特情",指导学员按照计划和准备程序,认真练习,切实达到预期训练目的。四是实装机训练:为进一步锻炼学员心理承受能力、空中反应能力和特情应对能力,在实装机上训练领航特殊情况,具有非同寻常的意义。但是,在实装机上训练特殊情况处置,安全压力较大,有时会影响空中秩序,所以,教员不但要有丰富的教学经验,具备领航特殊情况处置训练的资质,还要根据当时的飞行条件设置"特情",如,天气好时可以遮盖部分领航仪表,模拟仪表故障;飞到转弯点前,关闭仪表罩,并要求学员不能看座舱外面的情况,模拟找不到转弯点等特殊情况,由学员自主处置。

4.8　填写记录表技能

领航记录表是记载与实施领航有关的各种数据的表格,是航行中实施领航的实际记录,是检查领航工作和训练质量,帮助飞行员记忆、检查已飞数据和预计数据,以及迷航后推算位置,发生领航问题后作为调查的重要数据。

领航记录表分为两部分。一部分是地面准备时,用于记载飞行前领航计算的数据和部分先进领航设备加载的数据;另一部分是空中使用时,用于记载与实施领航有关的数据。没有专栏的数据填入附记栏内。通信、导航资料、出航图、归航图、穿云图,以及其他备用资料,填写在领航记录表的空白处。

在领航记录表上记录哪些数据,以及怎么填写,应按实际情况来确定。例如,在出航时已经预计了应飞的表高和表速,如果在航行中没有变化,只需填写一次,不必重复填写。如果需要改变或实际上发生了较大变化,则应在改变的地点那一行内,填写应飞的数据或实际保持的数据。

空中填写的数据,按性质可分为两大类:一类是通过测量和观测记录所得的数据,如,测量的偏流、地速、风向、风速,以及实到时刻,保持的航向、空速和高度,称为实际数据。填写实际数据,是为了给各种领航计算(如推算的位置)提供资料,避免将实测的偏流、地速与预计的相混淆,在实测数据下面画一弧线,以示区别。另一类是应飞的以及各种预计的数据,如,应飞航向、应飞表高、应飞表速,以及预达时刻等数据,称为预计数据。填写预计数据,是为了帮助记忆,便于对应飞诸元的保持情况进行检查。这些数据通常填写在航线起点、转弯点、检查点以及需要改变航向、空速或高度的地点的那一行内。

从以往的训练情况看,填写记录表并不难,难的是怎样把数据正确填写在相应的栏目内。地面栏填写一般容易学会,也不容易出错,而空中栏填写则成为难点,哪些数据该填写在哪一行,何时填写,什么数据该填,什么数据不需要填等,需要通过一段时间的练习才能弄清楚、搞熟练。对于初学的学员,往往填写记录表用时较多,影响和干扰其他工作,这是因为学习不系统,练习不够。

根据以上情况,在填写记录表技能训练中应做到:

第一,教员应讲清填写记录表的作用,使学员明确填写记录表并不是可有可无的事情,而是学员应掌握的领航基本技能之一,不但要填好,还要发挥它应有的作用。

第二,应讲清记录表的填写内容、填写一般规则和方法。

第三,应以一条航线为例,设定条件,对应表格,给学员做一次完整填写示范,边讲边示范,使学员建立系统印象。

第四,飞行前准备时,利用模仿练习的方法,结合课目训练航线、教员给定条件,设置航行内容、数据,学员边练习程序边练习填写记录表,模仿填写各种情况时所对应的数据,使学员逐渐熟悉填写方法。

第五,运用模拟机、实装机领航训练,强化学员填写记录表意识,经过反复练习达到该项技能训练要求。

通过填写记录表技能训练,使学员做到准确快速、正确规范、清晰整洁、齐全可查。

第5章　领航素养结构与培养

　　领航素养,是指领航人员、飞行人员通过领航飞行的实践或经验积累养成的、适应领航职业特点的素质和习惯。领航素养是飞行职业习惯不可或缺的重要组成部分,是领航飞行安全的坚强保证,是提高飞行人员领航技能的重要前提。对于直升机飞行人员而言,良好的领航素养是空中领航的基本要求,它就像飞行人员的另一双翅膀,可以让他们更加自信地飞行在任何地带。

　　领航素养的养成,既是一门科学,也是一门艺术。说它是科学,是因为习惯养成有法可依、有章可循;说它是艺术,是因为职业习惯充满个性、需要创造。然而,科学也好,艺术也罢,绝非毕其功于一役,而是要经过长期的一点一滴的积累。

5.1　直升机飞行人员领航工作特点

5.1.1　程序统一,规定严格

　　由于领航活动的特殊性质,领航飞行有着极其严格的程序和规定。每次领航飞行,对在某个地点做某个动作都有着严格统一的程序规定,特别是在时间、高度受限制或出现特殊情况时,更需要严格的程序规定来保证安全。一个场次飞行,少则几架,多则几十架飞机,几十名飞行员同时行动,飞行课目练习多,执行任务也各不相同。因此,一切都要在统一组织指挥下,严格按照领航程序规定有秩序地实施,防止空地秩序混乱,确保领航任务安全顺利完成。

5.1.2　环节繁多,工作量大

　　由于直升机具备灵活机动、快速高效、地域限制小、可垂直起降等特点,陆航部队承担着多样化的军事任务,飞行任务繁重。地面下达任务后,飞行人员需要进行地图作业、领航计算、研究背记航线信息、分析天气情况、机组协同和特情准备研究等工作。空中飞行过程中,飞行人员不仅需要操纵直升机,搜索辨认地标,还需要密切监视发动机参数、空中动态,并做准时到达、完成记录表填写等任务。可见无论是在地面准备还是在空中实施,飞行人员的领航工作都时间紧、任务重、环节多、工作量大。

5.1.3　因素复杂,突变性强

　　空中领航时,一成不变的周密安排很难实现,各种突发情况的出现是经常的。

"天有不测风云",风、云、雨、电、雾、雷等恶劣天气的突然降临并不罕见,飞机上某些设备、部件突然发生故障或损坏,保障飞行的地面通信、导航、雷达、灯光等设备发生故障,飞行人员发生飞行错觉或操纵错误等,都会影响正常飞行及领航工作。这些突如其来的情况,一是不易判断,二是可供处理的时间极短,都要求飞行人员迅速、准确应变,果断处置,化险为夷。

5.1.4　环境特殊,影响严重

空中领航过程中,由于脱离地面,领航工作环境特殊,对飞行人员的飞行技术、领航能力和身体心理等方面提出了特殊要求。直升机飞行人员必须在高技术环境、强体力消耗、大容量心理活动的条件下实施领航工作。诸如噪声、振动、温度负荷、座舱污染、大气压力、照明辐射等,对飞行人员的身体和心理都产生相当大的影响,使得飞行人员颈椎病、头痛、高血压等疾病发生率很高,影响领航作业能力,威胁领航飞行安全,也使得领航工作难度大大增加。

5.1.5　时限性强,变化持续

在领航飞行过程中,直升机处于运动状态,发展变化急剧,领航工作的时间严格受限,通常是以分秒计算。仪表信息和非仪表信息、有定信息和不定信息连续不断地呈现,节奏很快,可供反应时间极短。对于飞行人员而言,面对大量的信息,必须在极短的时间内,迅速果断地采集、加工和处理,从而作出正确的判断;否则,就可能导致迷航或其他严重的后果。

5.1.6　任务紧急,人员疲惫

直升机作为应对突发紧急事态的主要工具,飞行和领航任务实效性比较强,如应对突发自然灾害的抢险救灾行动,应对突发社会安全事件的反恐、维稳、处突行动,应对重大活动安全威胁的应急警戒行动,应对重大突发公共卫生事件的应急救援行动等。这些任务往往十分紧急,影响因素复杂,陆航部队需要迅速出动,由于准备时间短,导致飞行人员起居、作息、饮食不规律,体力消耗大、精神负荷重,易产生飞行疲劳,对飞行和领航的持续能力提出更高的要求。

5.2　直升机飞行人员领航素养

5.2.1　遵规守序

所谓遵规守序,就是直升机飞行人员根据安全领航飞行的原则,在空中严格依照飞行条令法规、在相应检查点、转弯点完成领航规定程序内容的一种工作习惯。在空中，要求飞行人员依照《飞行驾驶守则》《飞行教范》等飞行训练法规和领航统一程序严格实施；在地面，要求严格遵守部队一日生活制度，积极做好各项事务，履职尽责，遵守《飞行安全工作规定》等条令条例和工作秩序，使自身行为完全符合直升机飞行人员领航职业的要求。

遵规守序是直升机飞行人员领航职业特点的体现，是领航素养的根本组成部分。作为飞行人员自身的基本行为准则，遵规守序更是对飞行人员从事领航工作的基本要求，是安全顺利完成领航任务的必然保证。只有遵规守序，使直升机领航飞行有严格的规定和统一的程序，才能保证直升机领航方向的正确，才能提高领航飞行的连续性和稳定性，才能真正培养出能够履行新使命的陆航尖兵，从而推动我国新军事变革的快速发展。

遵规守序是对飞行人员的一种约束。因为人是一种最容易发生变化的生物，没有一个人能够按照完全相同的方式完成两次相同的操作。这种特有的易变性使飞行人员在领航工作效能上易出现随机涨落。当出现足够大的涨落时，飞行人员在领航飞行中就容易产生失误。所以要求飞行人员在空中突遇特情时，不主观臆断，严格按照规定程序，沉着冷静处置问题，将遵规守序作为一种习惯。

5.2.2　细致周密

所谓细致周密，就是飞行人员严谨细致、全面周密地做好地面准备，这是从事空中领航职业的一种工作态度。它需要飞行人员从地面做起，从领航准备、研究地图做起。从受领任务开始，地图作业、领航计算、研究地图、制定计划、填写表格，都需要飞行人员细致准确地完成好，做到一丝不苟。进场后，对于天气、航行调度、航行诸元的计算，以及领航装具的检查，都需要足够的细致周密、万无一失，确保飞行人员能够按照程序准确领航。

细致周密是领航职业对飞行人员提出的基本要求，是飞行人员一生都应具备的基本习惯。领航飞行环节繁多，工作量大。细致周密是飞行人员捋清思路、增强信心的根本保证，是安全顺利、圆满完成任务的重要前提。只有细致周密，才能全面规划，不遗漏任何一步程序环节，才能防微杜渐，不让任何一个小部件出问题，进而保证领航飞行安全。

飞行无小事，领航飞行中每一件小事情都有可能演变成大问题。严谨细致、全面周密的习惯能够使人终身受益，对于领航飞行这一复杂而高技术含量的职业而言更是如此。在复杂的领航飞行环境中，稍有疏忽就可能造成判断失误，造成迷航事故，甚至引发更严重的后果。因此，直升机飞行人员应充分重视每个细节，养成细致周密的良好职业习惯，杜绝任何安全隐患。

5.2.3　准确应变

所谓准确应变，就是飞行人员遇到特殊情况时，应沉着冷静，准确分析，果断采取有效措施应对处置。空中环境复杂多变,危机四伏。发生特情时,如有时间,应先报告塔台,取得指挥员的指示和帮助。情况紧急时,应相信自己,果断处置。机组成员在搜集信息之后做出的判断,不可能完全避免错误,但是在错误演变成严重问题之前,应及时果断地加以纠正,随机应变,切忌固执,避免判断失误造成严重后果。

准确应变是飞行人员领航飞行安全的重要保证,是发生特殊情况时飞行人员能否正确处置的关键。准确应变体现的是一个人的自信与智慧,是飞行人员不同于常人所应具备的素养,直接关系着国家一架上千万元的飞机和飞行人才的安全,在直升机飞行人员职业习惯中占据着关键地位。

"明者因时而变,知者随事而制"。空中环境瞬息万变,飞行人员在领航中应当从容冷静、随机应变,准确处置各种特情。倘若飞行人员不能准确应变,处理不当而发生迷航,不仅完成不了领航任务,还可能危及飞行安全,给国家造成巨大损失。

5.2.4　协同合作

所谓协同合作,就是直升机机组成员在领航工作中明确自身职责,清楚各自分工,做好特情协同的一种合作意识。地面准备时,同一机组人员应针对领航飞行科目、要求和执行方法,明确机组人员分工,校对资料,统一数据。对于可能发生的特情及处置方法,应充分准备研究,做好分工,充分发挥驾驶舱中"人"这个最可贵资源的潜能。空中领航飞行时,飞行人员绝不能出现两人同时放开操纵设备的危险情况,而应该密切协同,活跃驾驶舱气氛,加强相互间交流,取长补短,综合信息,提高判断的准确性,促进良好职业习惯养成。

协同合作是直升机机组成员构建和谐关系、有效完成领航飞行任务的重要条件。领航飞行是一门合作的艺术,领航任务的完成需要集体的智慧和群体的合力。尽管飞行员具备独立工作的能力,但紧急、特殊任务不可能全部由一个人来完成。领航能力的提高离不开集体的合作,客观上需要飞行人员间通力协作,需要互相交流、相互学习帮助。飞行人员间的这种协同合作,为飞行团队的学习成长提供了良好的精神氛围,有利于促进飞行人员领航知识体系的完善,为今后的发展奠定良好的文化基础。

古人云:人心齐,泰山移。具有两人以上的直升机机组需要协同合作,才能弥补各人性格特点、经验阅历的不足,为一个共同目标,完成使命。如今,军事任务多样化,飞行任务繁重,准备时间紧迫,机组成员如果不能有效地协同合作,没有勇于付出、不计个人得失的大局观念,其结果必然是领航任务难以完成,甚至影响安全。

5.2.5　分析总结

所谓分析总结,就是飞行人员在飞行后对所飞科目、完成情况进行自我分析,思考剖析存在的不足及原因,制定相应改进措施的一种工作方法。通过飞行讲评会上的汇报、认真倾听、有效理解,吸取他人经验为我所用,从而提高自身经验素质和能力。可以说分析总结在整个职业习惯养成中是一个领航能力总结提高、优化完善的重要阶段,在领航职业中是一个能够总结过去、计划未来的重要习惯。

分析总结是飞行人员总结领航方法、提高工作效率的必要习惯,是对已经完成的领航工作的一种深入剖析,是由感性认识上升到理性认识的必经之路,是分析出现问题原因、总结经验教训,明确下一步领航工作方向的重要手段,对于直升机飞行人员领航职业有着承上启下的必要性。

由于气象、环境、人员、装备的不同,每一次领航飞行都不同以往,都有着不同程度的借鉴意义。分析总结每次领航飞行,能够发现存在的隐患和问题,同时使飞行人员强化学过的知识技能,并借鉴他人经验丰富自身的理论体系,提高处置问题的信心能力,为今后的领航飞行奠定扎实基础。

5.3　直升机飞行人员领航素养培养方法

5.3.1　严格程序领航,遵守规定操作

严格程序领航,遵守规定操作,要求飞行人员在领航过程中严格依照飞行条令法规,执行领航程序规定,并在日常生活中注意遵规守序习惯的养成。如同最简单的一日生活制度,早上准点起床、早操、整理内务和洗漱、开饭、操课、午休、课外活动、点名、熄灯,都有严格规定。一声哨音,所有人以最快速度起床、穿好衣服,准备早操训练。这是一种习惯,军人理应具有。在战时,这便是军人迎战敌人、准备战斗的冲锋号角。在平时,这是军人严格执行规章制度、加强遵规守序习惯养成的警钟长笛。

对于刚接触飞行的学员,从第一次上直升机座舱开始,教员就会严格要求,操控每个电门设备都必须用规定的手形。刚开始学员会感觉教条、不自在,动设备时都要先想相应手型是否符合要求,上手较慢。但适应过后,养成习惯就能够熟练、自然地用标准动作操作电门设备,便会受益终身。对于动设备"想看动查"的原则,同样需严格遵守,当身边人因误碰电门而吃亏时,遵规守序的重要性会立马凸显。前事不忘,后事之师。2015年2月4日台湾复兴航空失事,资料报告显示空难为人为操作失误导致。飞机在跑道滑行准备起飞阶段,监控驾驶员发现自动起飞动力控制系统断线,按照飞行规定应该立即中止起飞,但飞行员却照常起飞。由于飞行员没有遵守规定,最后导致空难事故的发生,代价是惨痛的。飞行人员,作为高风险职业群体,应该深刻反思,充分认清事故教训,从思想上重视飞行安全规定,加强遵规守序习惯的养成。

遵规守序习惯的养成犹如中药,起效虽慢,但却能很大程度上根除隐患。飞行人员在空中领航飞行,必须严格执行领航程序,在起飞、出航、检查点、转弯点等各个阶段严格程序规定实施。例如:起飞前做到"一记二查",即记下时间,检查罗盘工作情况和油量表指示情况。飞行中做到"四查",一看机场、地标,检查直升机位置;二看高

度表,检查飞行高度;三看油量表,检查直升机的实际剩油量;四看领航时钟,检查领航飞行时间。返场时做到"两看两查",即对照罗盘看航向,检查飞行方向;对照地标相关位置看机场,检查回场路线。

总而言之,没有根,植物不能生存,没有遵规守序,领航素养的养成也无从谈起。所以,飞行人员一定要根据安全领航飞行的原则,严格程序领航,遵守规定操作,在日常生活中严格遵守一日生活制度,绝不心存侥幸,促进遵规守序习惯的养成,保证领航飞行安全。

5.3.2　考虑细致周密,注重细节养成

考虑细致周密,注重细节养成,要求飞行人员严谨细致、周密全面地完成领航工作,在平时注重细节习惯的养成。在空中,要学会循序渐进、细致冷静地处理领航工作问题。在地面,飞行人员应考虑周全,做足充分准备,熟练地掌握心算方法,尽量减少空中思考时间。

对于初学飞行的学员,教员要求极为严格。比如座舱里的电门,有学员会称其为"开关",虽然指的是同一个东西但教员不会允许。因为如果不加注意,便会逐渐养成不良习惯。有一起事例,在一次低气象条件下飞行的五边阶段,学员正忙于做摆消速动作,教员突然发现所对起降线严重偏移,于是急忙询问学员所落起降线是哪条,由于精力分配不当,外加情绪紧张,学员把塔台说的起降线听错,而此时这条起降线上全是直升机。后来经过教员的追问,几秒钟冷静过后,学员才将起降线记起来,最后及时调整、安全着陆。事后学员讲述,在空中由于十分紧张,耳朵在听,心里知道哪有问题,但嘴有时容易不听使唤,下意识地误解为其他情况。再回到初学飞行的学员所纠结的"电门还是开关"问题上,其实教员也就是为了让学员平时养成考虑周全、注重细节的习惯,这样在遇到危险情况时才能第一时间用规范用语准确描述出问题所在,从而化险为夷。

老子在《道德经》里讲:"天下难事,必作于易;天下大事,必作于细。"对于领航飞行而言,细节便决定成败。试飞英雄李中华,试飞18年没有发生摔机事故,他飞过3个机种、26种机型,为什么天天和生死搏斗,还能天天安全呢?他讲了一句话:"一切都在把握之中。""一切都在把握之中"就是把握住了飞行的规律与细节。只有把握住飞行的规律和细节,才能掌控全局,拥有主动权。每当事故调查结果公布时,人们总会惊讶地发现:导致事故发生的最初元凶,往往都是微不足道的细节。2003年2月1日美国哥伦比亚号航天飞机在得克萨斯州北部上空解体坠毁,七名宇航员全部遇难,原因只是隔热层脱落击中飞船左翼前缘。

细节像沙砾一样微不足道,却能毁掉一架航天飞机。所以,每一名飞行人员都应该做到,把浮躁的心沉下来,全面深入地观察、思考,养成考虑周全、注重细节的习惯,才能在领航飞行中安全顺利完成任务。

5.3.3　随机应变突发，准确处置特情

随机应变突发，准确处置特情要求飞行人员遇到特殊情况时，随机应变，沉着分析，准确采取有效措施处置应对。从心理学角度讲，准确应变的能力习惯是飞行人员能否适应空中环境、战胜困难、完成领航任务的主客观因素的综合反映，直接影响领航工作的思维方式、操作程序。

培根在《论人生》中明确指出："习惯是一种顽强而巨大的力量，它可以主宰人生。"领航飞行同样如此，日常生活中，飞行学员提的书包就如同领航包。书包中的书应该按从大到小、从厚到薄的顺序摆放，笔记本、作业本可以在另外一层放置，而像笔、橡皮、小刀这类零碎易丢的小物品，可以用一个文具盒收纳到位，方便整齐。领航包内有领航地图、领航记录表、特情处置预案、备用铅笔、橡皮等，也可以按书包放置的习惯进行摆放。空中飞行时，飞行裤左下口袋放向量尺（向量尺用一条细绳连着橡皮），右下口袋放计风仪，右边小口袋放两支铅笔、备用橡皮。这是个人习惯，却能大大增强飞行人员处置特情的信心。原沈阳军区某团"神枪手四连"常年将每个人的钢盔、子弹袋等战斗装具按照编号放在固定位置，背带、护带的长度调节到与每个人的高矮胖瘦相匹配，遇有紧急任务，大大缩短了反应时间。同样，对于我们飞行人员，领航包内物品的摆放、飞行裤内领航用具的放置要求也正是为了使飞行人员在遇到空中突发险情时大大缩短反应时间，提高处置特情的准确性。

"宝剑锋从磨砺出，梅花香自苦寒来。"飞行人员应该积极与老前辈交流学习，多研究相关文献书籍，以提高自身理论功底，养成准确处置特情的良好职业习惯。在飞行上，可以充分利用地面演练、座舱实习、模拟飞行等勤加训练，将准确应变处置特情的习惯内化于心，外化于行。地面苦练，空中精飞。地面演练时，在正常动作的基础上，可以有目的地提出一些特殊情况，提高飞行员反应速度和特情处置熟练程度。座舱实习中，机组同伴可以将座舱里某一个电门、手柄放到不正常位置，让另一名飞行员检查，看其有没有及时发现，并正确处置。此外，在练习某一特殊飞行动作时，可突然提出"火警信号灯亮"等特情，锻炼飞行人员的应变能力，使其逐渐形成习惯。这样结合飞行实际和准备情况，有计划地指导飞行员在地面演练、座舱实习等情境下反复演练，可以大大提高飞行人员的心理素质，进而准确应变。

尽管飞行人员平时已经制定了特情处置的各种预案，并进行相应演练，但是空中情况变幻莫测，平时制定的方案只是一个近似的概率。领航飞行是一种不可定型的特殊操作过程，每一次领航就是一次重新适应、重新计划的过程。飞行人员只有具备随机思维意识和较强的应变能力，才能在复杂多变、危机四伏的环境中对所发生的一切变化做出积极而有效的反应与处置。

总而言之，一名合格的飞行人员，应具备应对各种特殊情况和突发事件的随机思维意识和应变处置能力。准确应变并非易事，充分的准备是基础，良好的心理素质是保证，而勤加训练是最好的途径。只有做好充分准备、勤加训练、提高心理素质，才能

有效发挥飞行人员的作用,提高处置特情的准确性和熟练度。

5.3.4 机组分工配合,协同合作领航

机组分工配合,协同合作领航要求飞行人员在领航工作中明确自身职责,清楚各自分工,做好特情协同。一个直升机机组,一般由两人以上组成,分工配合,协同合作,是机组完成领航任务的重要前提。

著名科学家钱学森说过:"现代科学技术研究不能靠一个人的劳动,95%的科学技术都靠集体,单干是没有生命力的。"在训练团,三到五个人为一个互助小组,成员间在思想、技术、生活方面互相给予帮助。每次飞行结束之后小组间互相交流经验,课余时间通过互相提问等形式复习所学知识及方法,对教员传授的技术方法深入探讨。由于考虑角度不同,小组成员对知识方法理解更为透彻,提高了飞行技术,还培养了协同合作意识。

协同合作才能安全顺利,单干蛮干迟早会出问题。民航资料表明,我国2001—2010年发生的飞行事故中,主要责任为机组原因的占64%。有一起惨痛的案例,空军的一架双座飞机,按照规定,空中两名飞行员不能同时离开操纵设备。可是一名飞行员在同乘飞行员接手操纵前就松杆了。这时飞机突遇气流,猛地下坠。这名飞行员瞬间身体悬空,双手本能地去抓东西对抗负过载,谁知道一把拉动了座椅的弹射拉环,导致两名飞行员误弹射、飞机坠毁,给国家造成重大损失。所以说,良好的领航素养是对自己的生命负责,对战友的生命负责,也是对国家的负责。空中领航飞行中,机组成员应明确自身职责任务,做好协同交流。对于操纵直升机的飞行人员应不间断地监视直升机的状态、轨迹和速度,不允许注意力较长时间脱离重心去顾及其他系统。领航的飞行人员应在搜索辨认地标、领航计算的同时,监视直升机状态、轨迹的变化,防止出现注意力重心空洞,造成安全隐患。

总而言之,机组成员间存在个体差异,飞行人员间应尊重个体差异,营造良好的驾驶舱氛围,养成协同合作的良好习惯,彼此间多沟通交流,取长补短,综合信息,提高领航判断准确性,确保领航任务安全顺利完成。

5.3.5 个人分析完善,总结讲评提高

个人分析完善,总结讲评提高要求飞行人员飞行后对所飞科目、完成情况进行自我分析,思考剖析存在的不足及原因,制定相应改进措施。在领航飞行中,讲评是一道非常重要的程序,通过指挥员总结讲评,飞行人员交流经验,可以大大改进领航工作方法,充分发挥每一名飞行人员学习的主动性和积极性。在军校,每天的晚点名、每周的连务会、班务会都是总结讲评每天、每周工作的重要手段,不仅可以总结讲评工作完成情况,而且可以布置之后的工作,可以说起着一个非常重要的承上启下的作用。

陈安之说:"成功的起始点乃自我分析,成功的秘诀则是自我反省。"自我分析要求飞行人员认真剖析研究此次领航飞行的得失,如规章程序的执行情况、处理问题的方式方法,进而制定相应的对策,不断完善自我。可以说,自我分析是飞行人员能力提高的必经之路。

"他山之石,可以攻玉",飞行人员不仅要认真分析自我,而且需要向他人学习,总结经验教训,提升技能素质。在训练团,每一次飞行过后,大队都进行总结讲评。对于飞行人员而言,讲评前的准备工作必须要做充分,既要确定自己总结内容的重点和注意事项,又要注重方法和思路的阐述。在讲评过程中认真吸取他人经验教训,取其精华,为我所用,并在讲评后注意总结记录、归纳处理问题的方法和思路。对于一些技术难点,要学会边实践、边研究、边改进。成效显著、进展顺利时,要及时总结经验,巩固效果;成效不大、进展缓慢时,应认真研究原因,找出问题所在,不断改进方法。这样的话,每一次飞行讲评过后,每名飞行人员都能从每次领航飞行中分析自我,学习他人,吸取失败教训,总结成功经验,为下次领航飞行更好处理、解决问题奠定坚实的基础。

总之,个人领航飞行经验毕竟有限,一方面飞行人员要认真查找分析自身问题,不断改进提高,另一方面要以海纳百川的包容心态吸收借鉴其他飞行人员的经验,多查阅有关书籍,相信对良好领航素养的养成必定大有裨益。

领航素养的形成,永远是一个过程,而没有结果。成为一名直升机飞行人员,具备领航能力,并不代表他就有良好的领航素养。如果不明白必须通过不断总结提升,与他人合作交流,更加严格要求自己提高在地面领航准备的质量、效率及空中领航实施的成效,那么良好的领航素养养成便是天方夜谭。习惯养成的过程是不断优化、不断完善、不断约束自己的过程,而习惯养成最关键的就是从日常的点滴小事做起,从现在做起。

第6章　领航计算技能训练与考核系统

6.1　系统介绍

领航计算技能训练与考核系统是根据领航计算原理,利用模拟仿真技术,通过模拟计算尺计算过程和结果而研制的。

1.系统组成

领航计算技能训练与考核系统由集成环境、引擎、计算数学模型、数据生成规则库、评判规则库、试题库等组成。

2.系统功能

(1)随机生成计算数据

通过建立数据生成规则库,随机生成领航计算技能训练、考核需要的数据。系统可以在限定的数据范围内自动随机生成考核计算的已知数据,数据的重复概率低,克服了从题库中随机抽题时,由于题库中数据有限而导致已知数据容易重复的缺点。而且录入题库工作量大,容易出错,利用系统可以避免这些问题。

(2)领航计算技能训练功能

通过生成的随机计算数据,受训者将计算数据输入计算机进行训练。系统可以自动记录学员计算技能训练、考核的具体数据,如考核内容、答题情况、所用时间等,可以随时从系统中调用这些数据,这样便于跟踪和分析训练人员在技能训练过程中的技能水平。

(3)领航计算技能考核功能

通过设置的考卷数据,生成考核数据。学员将计算数据输入计算机,系统自动计算标准答案,通过评判库进行自动、客观考核。系统具有自动评分功能,即在考核结束提交试卷之后,可立即获取考核成绩,并且能够在系统中浏览出错的具体题目,以及正确答案。这样有利于学员对自己的计算技能掌握程度得到及时有效的反馈,从而促进受训者有针对性地、有效地进行学习训练。

(4)自动出卷功能

通过修改计算技能种类、数量、时间来设置考核难度,实现不同水平计算技能的考核,调动训练的积极性。系统能够根据各种具体的考核需求,灵活有效地根据考核内容、考核时间、计算误差范围等各种考核要求来自行组织每一次计算技能考核的试卷。此外,系统根据领航计算快速准确的特殊要求,设置了计时功能,可自动记录学员进行每一项计算所花费的具体时间,以及全部考核花费的总时间,便于教员分析学员各项计算技能的掌握情况。

3. 系统特点

① 紧贴教学,操作简单;

② 自动生成计算数据,随机组题;

③ 自动计时;

④ 设置循序渐进难度,提高积极性;

⑤ 自动出卷、评分与考核。

系统为领航计算技能训练提供了平台,可在教学、个人训练、专业教室、技能竞赛等场合进行领航计算技能的训练与考核。

6.2 系统使用

6.2.1 系统界面

双击 Navigation Compute Environ 启动系统,系统界面如图 6-1 所示。

打开"关于"对话框,显示名称、版本号、版权等信息。

图 6-1 "关于"对话框窗口

系统界面主要由系统菜单、工具条、计算数据表格区、领航计算目录区和信息输出区等几个部分组成(见图6-2)。

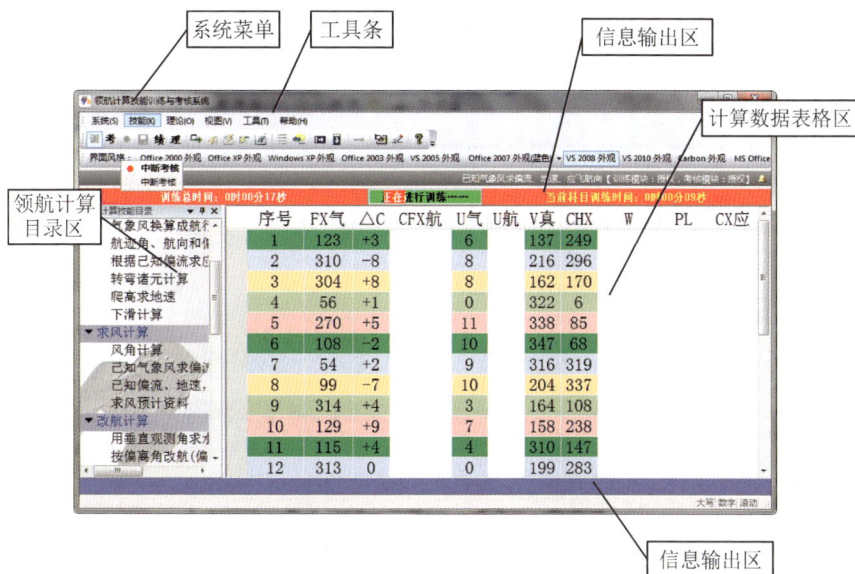

图6-2　系统界面

6.2.2　工具条

1. 标题条

标题条主要显示系统名称、授权信息。

2. 标准工具条

标准工具条的主要功能如图6-3所示。

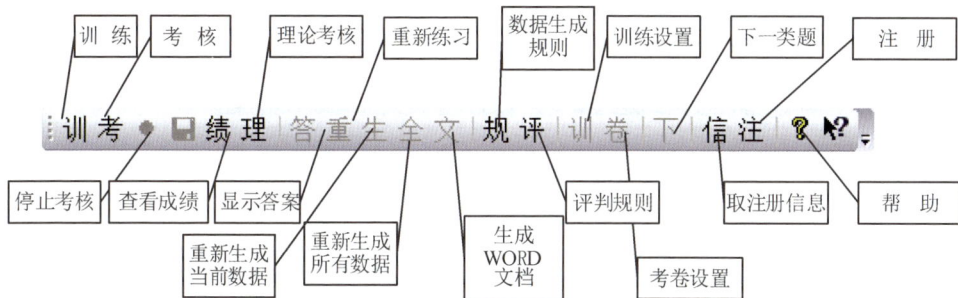

图6-3　工具条

3. 显示正确答案与结果

　　显示当前技能表格中的计算结果及正确与否情况,显示格式为XX[XX],前面部分为计算结果,[XX]为标准答案。如果正确,背景为绿色,不正确为红色。同时弹出正确情况(见图 6-4)。

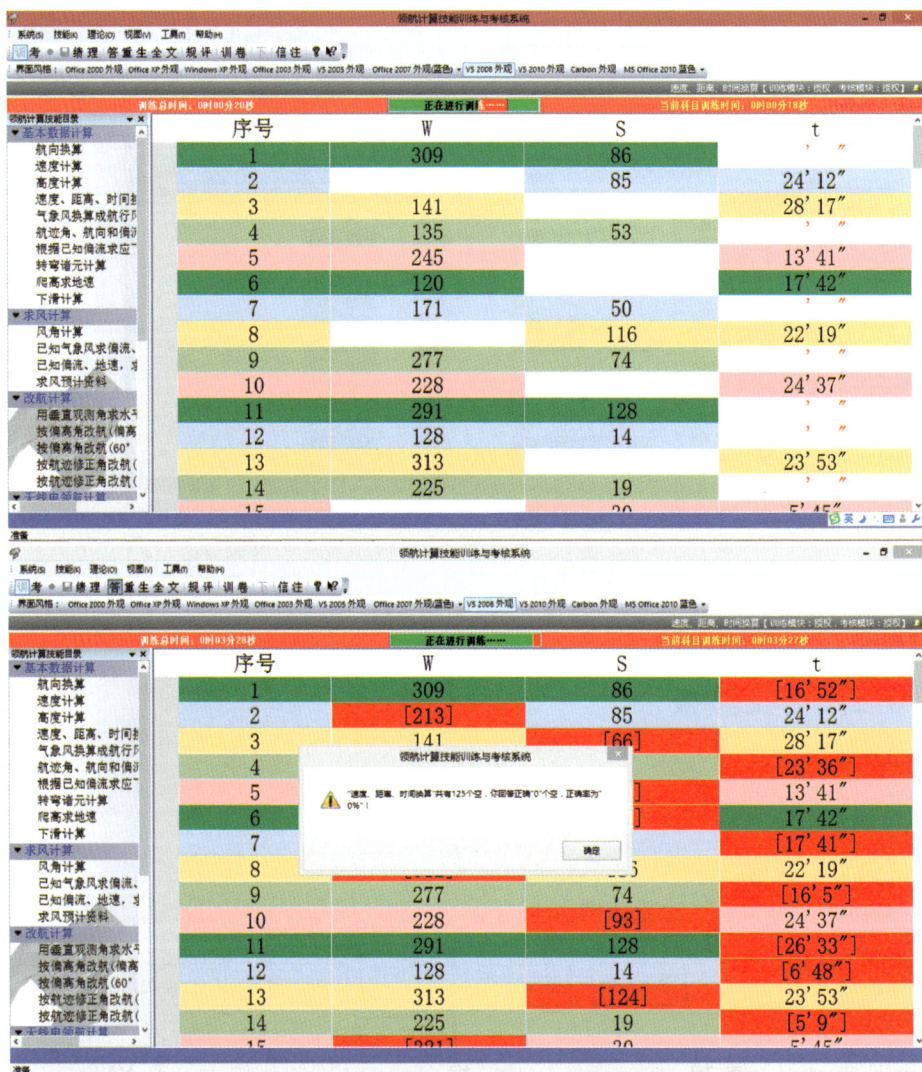

图 6-4　训练状态及显示的正确答案与结果

4. 界面风格工具条

界面风格工具条主要用于选择不同风格的界面。参见菜单"视图"下的"界面外观"子菜单(见图 6-5)。

图 6-5　界面风格工具条

5．领航计算技能目录

显示领航计算技能目录，双击项目可在右侧表格中显示计算数据（见图6-6）。

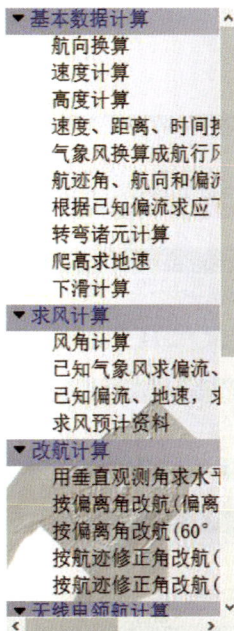

图6-6　领航计算技能目录

6．时间轴

在训练模式下，左侧显示训练总时间，右侧显示当前科目训练所有时间。在考核状态下，左侧显示总时间、剩余时间，右侧显示当前科目时间、剩余时间，背景显示时间进度条（见图6-7）。

图6-7　时间轴显示

7．考核信息

依次显示考试人员姓名、考号、开始考试时间、结束考试时间。

6.3　训练功能

6.3.1　进入训练模式

单击"工具条"⊞或者选择菜单中的"技能"→"技能训练"进入。

6.3.2 训练过程

双击左侧"领航计算技能目录"项目,右侧出现所选技能自动生成的数据表格(见图6-8)。

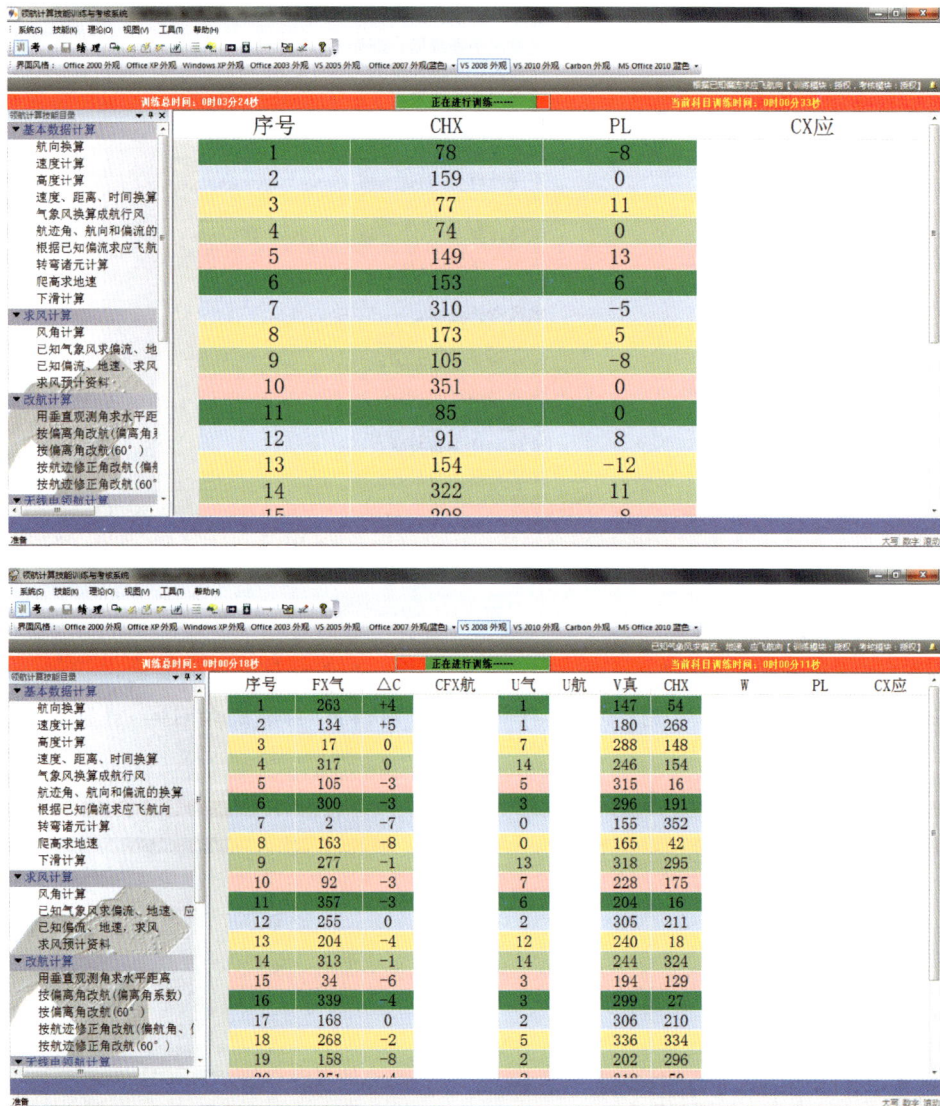

图6-8 不同计算种类的训练界面

按要求进行计算,填写计算结果数据后,按"答"按钮显示答案,弹出对话框显示答案正确与否(见图6-9和图6-10)。

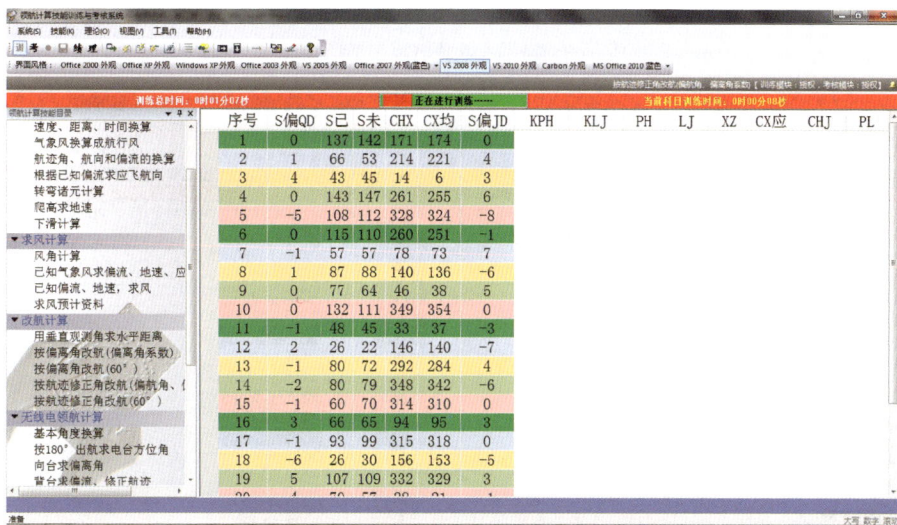

图 6-8 不同计算种类的训练界面(续)

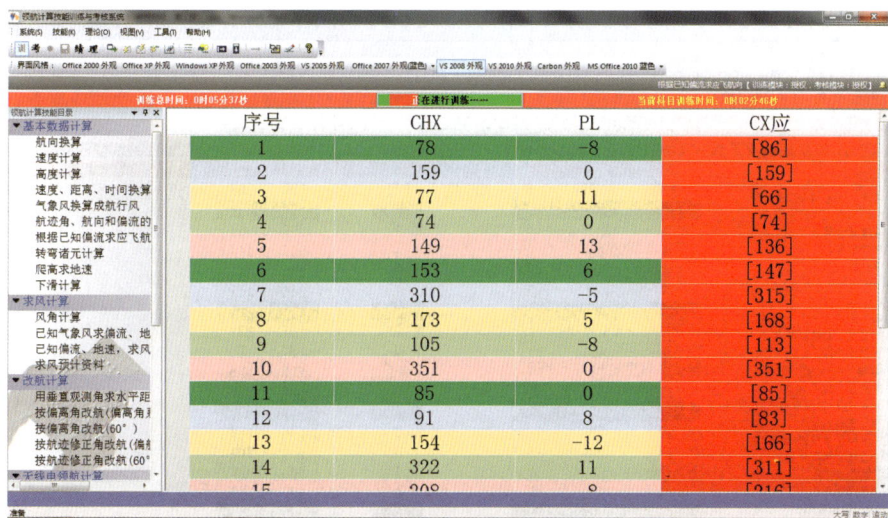

图 6-9 显示答案界面

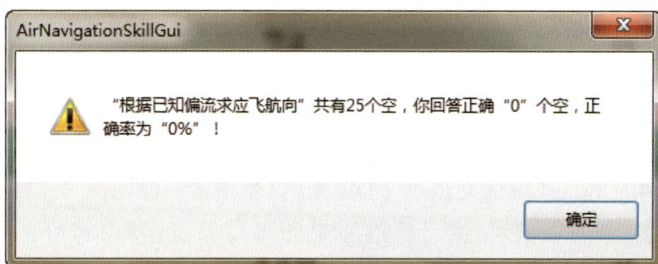

图 6-10 训练结果界面

如果显示了答案,单击"重"按钮可重新进行训练;单击"生"按钮可重新生成数据;单击"全"按钮可重新生成所有数据(见图 6-11)。

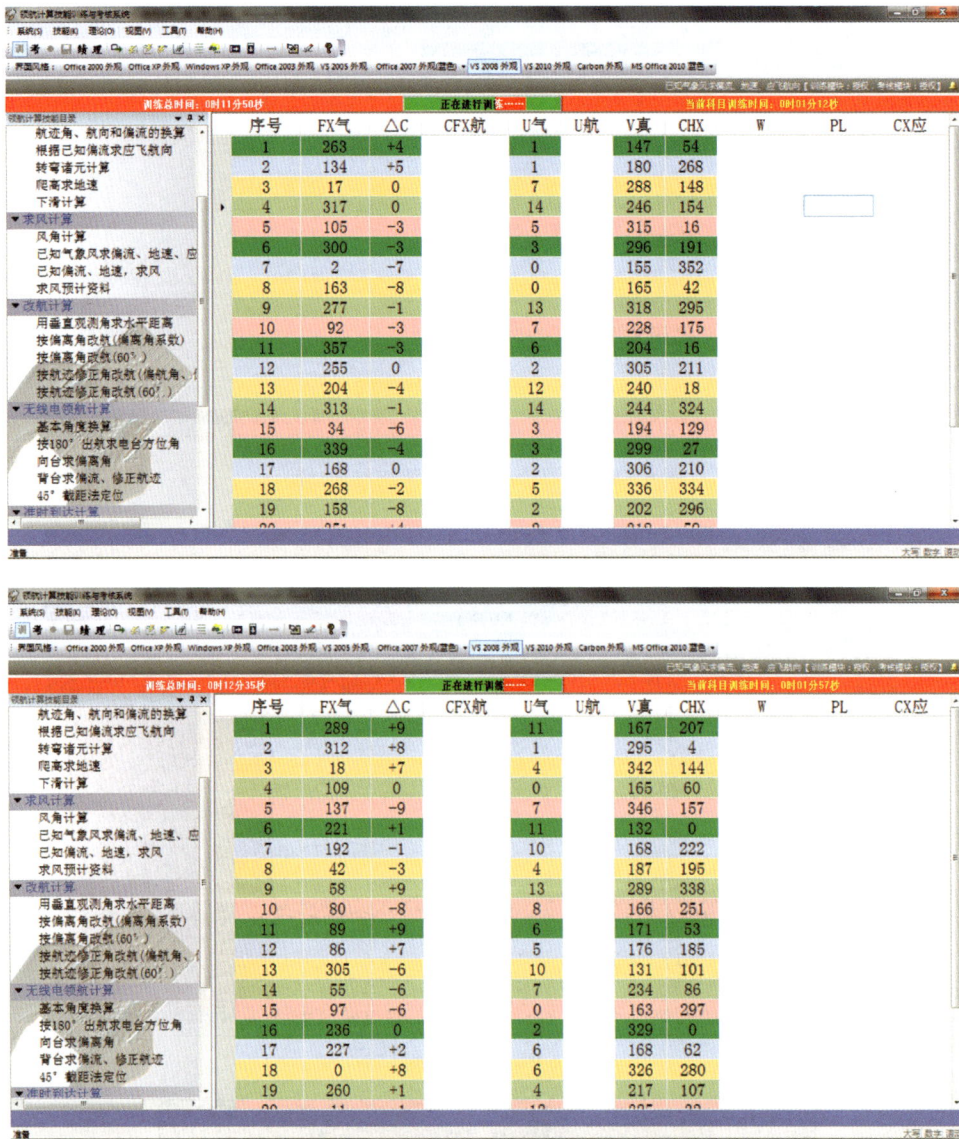

图 6-11　重新生成领航计算数据

按"文"按钮可生成 WORD/PDF 文档(见图 6-12)。

文档类型可选择 WORD 文档或 PDF 文档(见图 6-13~图 6-15);"试卷类型"可选择生成考卷、带答案的考卷、带标准答案的考卷等;试卷内容可选择"当前技能""所有技能"。

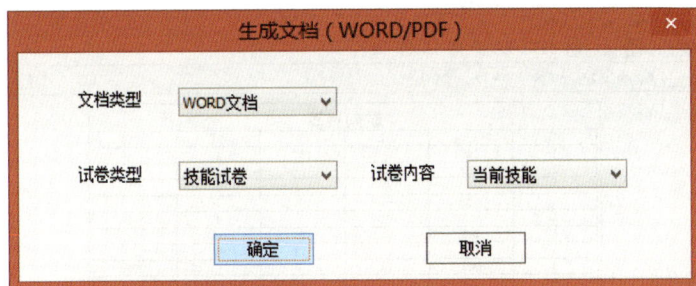

图 6 - 12　生成 WORD/PDF 文档选择对话框

图 6 - 13　生成 WORD 文档

图 6 - 14　生成答案 WORD 文档

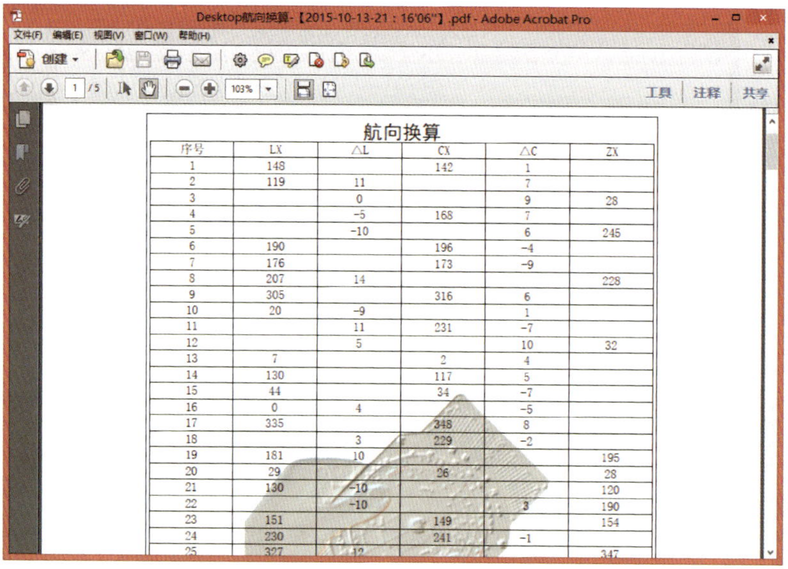

航向换算

序号	LX	△L	CX	△C	ZX
1	148		142	1	
2	119	11		7	
3		0		9	28
4		-5	168	7	
5		-10		6	245
6	190		196	-4	
7	176		173	-9	
8	207	14			228
9	305		316	6	
10	20	-9		1	
11		11	231	-7	
12		5		10	32
13	7		2	4	
14	130		117	5	
15	44		34	-7	
16	0	4		-5	
17	335		348	8	
18		3	229	-2	
19	181	10			195
20	29		26		28
21	130	-10			120
22		-10		3	190
23	151		149		154
24	230		241	-1	
25	327	12			347

图 6-15　生成 PDF 文档

6.4　技能考核

6.4.1　进入考核模式

单击工具条考按钮或者选择菜单中的“技能”→“技能考核”，选择“考试”，开始考核(见图 6-16)。

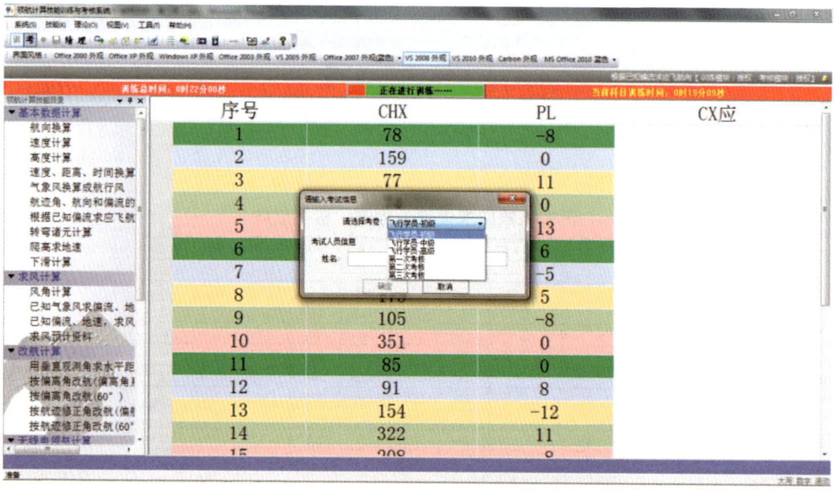

图 6-16　考核选择

6.4.2　考　核

开始"考核"后,自动计时,在上、下考试有关信息,按要求计算数据,填写答案(见图6-17)。

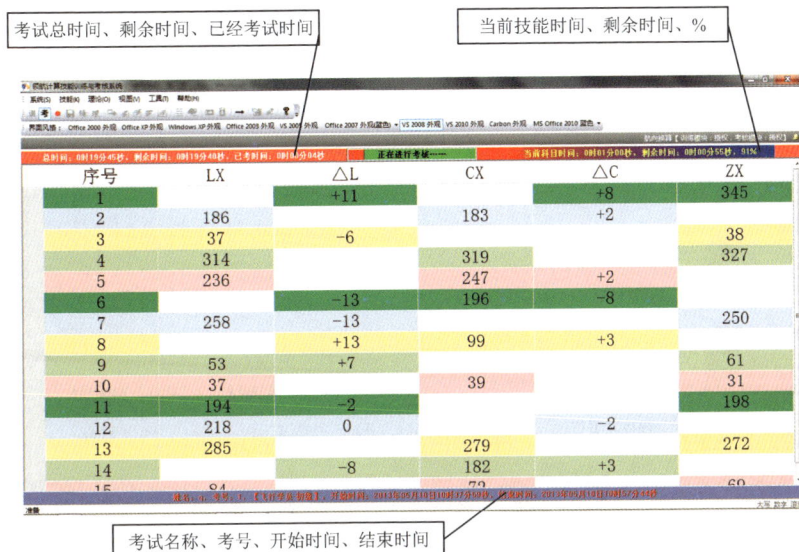

图 6-17　考核界面

当某项技能考试时间到了,自动跳转到下一技能种类考核。或者单击⬆按钮直接跳转到下一技能种类。

考试完毕后,自动显示答案和考试分数(百分制/5分制)。通过左侧"领航计算技能目录"可浏览各技能考试答案和对错信息(见图6-18)。

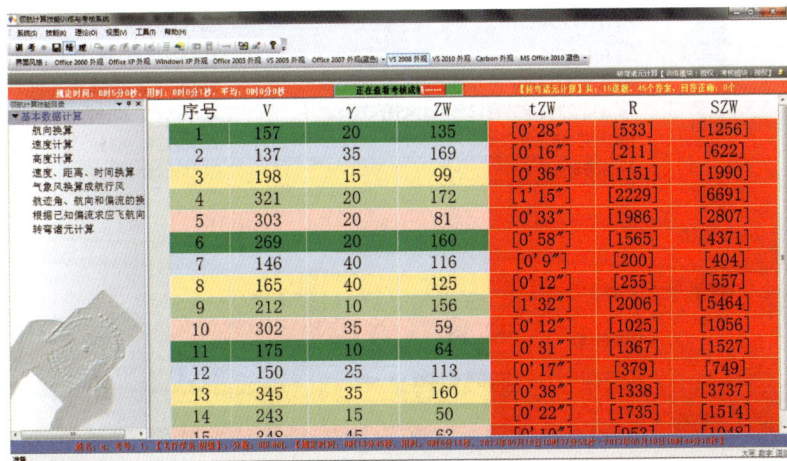

图 6-18　考核完毕界面

考核完成后,单击工具条█,可存储成绩(见图 6 – 19)。

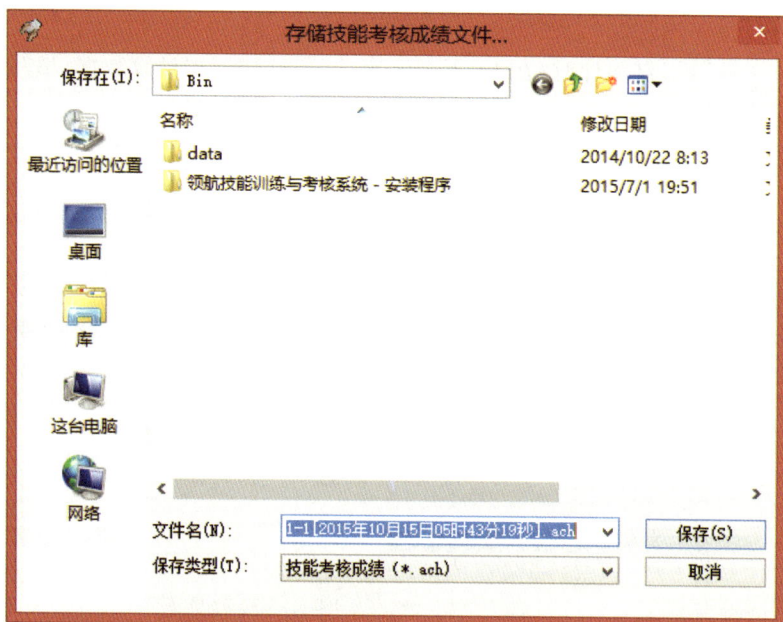

图 6 – 19　技能考核成绩存储界面

单击工具条绩,可查看成绩(见图 6 – 20)。

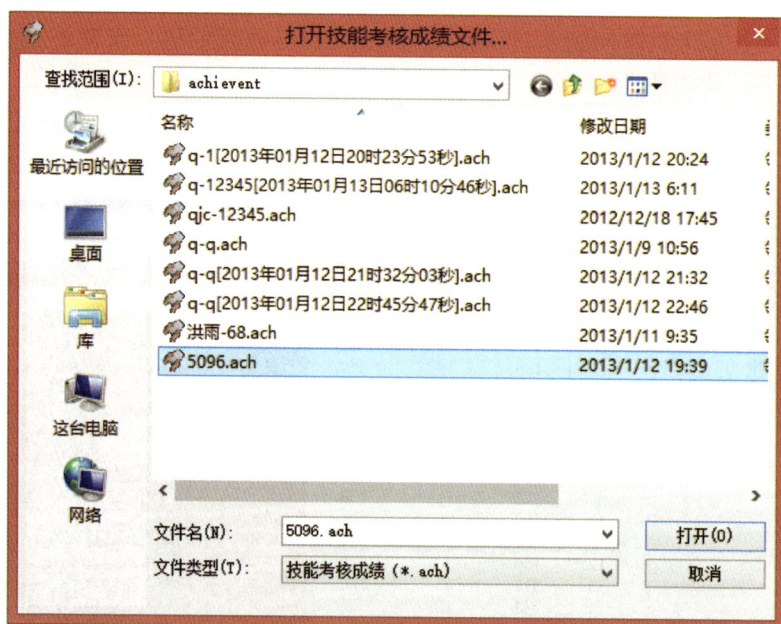

图 6 – 20　技能成绩打开对话框

6.5　系统设置

6.5.1　数据生成规则管理

单击工具条▤,输入系统密码,进行数据生成规则修改、保存、导入、导出(见图 6 - 21和图 6 - 22)。

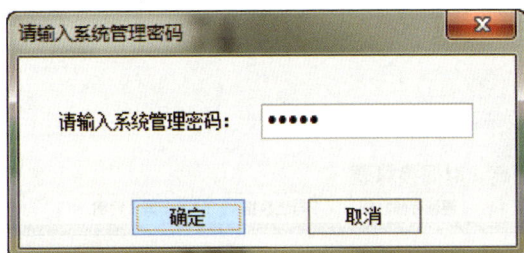

图 6 - 21　输入系统管理密码

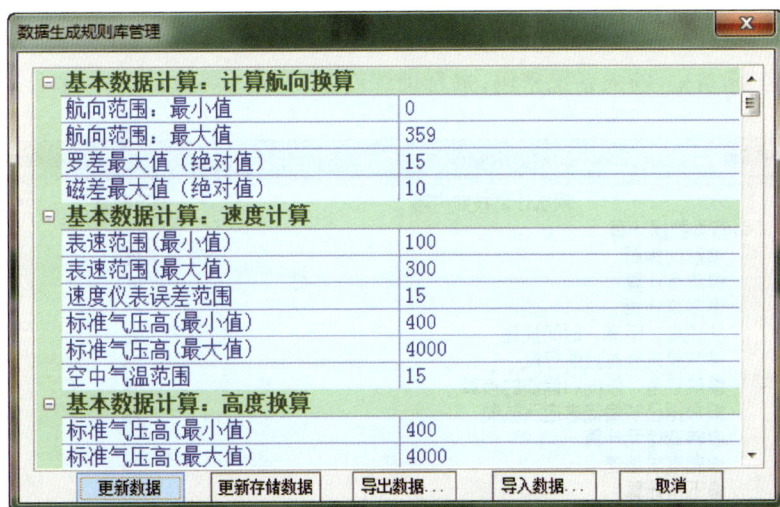

图 6 - 22　数据生成规则管理界面

6.5.2　评判规则管理

单击工具条▤,输入系统密码,进行评判规则修改、保存、导入、导出(见图 6 - 23)。

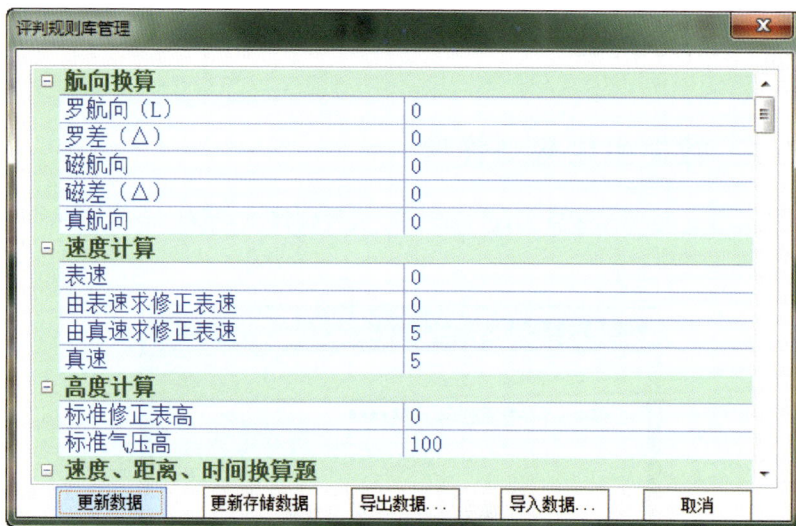

图 6 - 23　评判规则管理界面

6.5.3　训练设置

单击工具条 ![icon]，输入系统密码，进行训练设置(见图 6 - 24)。

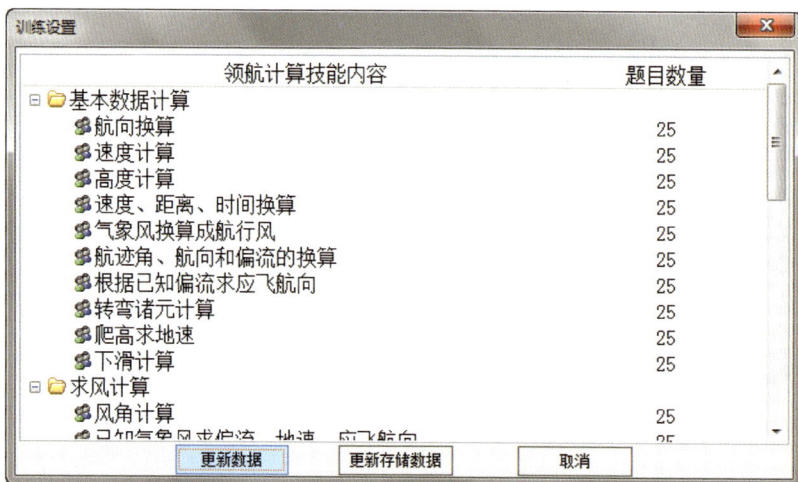

图 6 - 24　训练设置界面

6.5.4　考试设置

单击工具条 🔒，输入系统密码，进行考卷修改、保存、导入、导出（见图 6 - 25）。

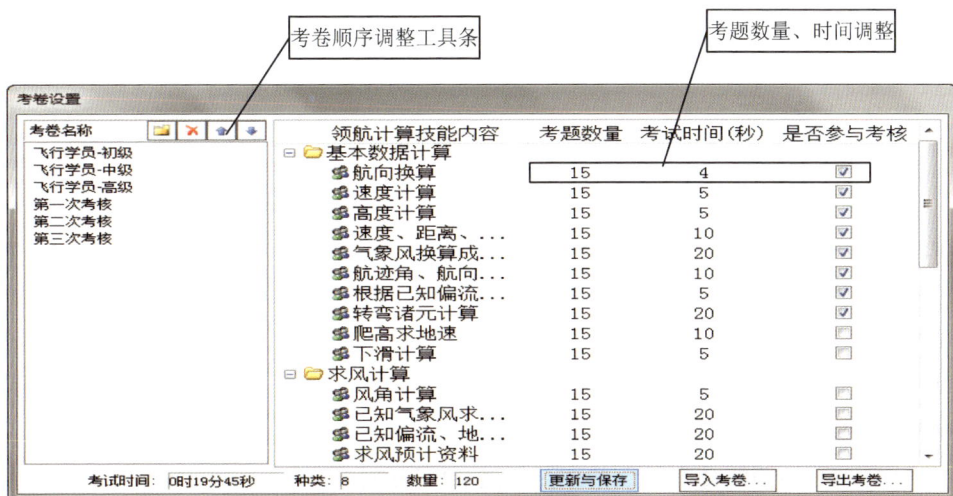

图 6 - 25　考卷设置界面

第7章 领航程序演练信息系统

7.1 系统介绍

快节奏的空中领航实装飞行训练对空中领航飞行实施程序熟练程度和技术、计算的准确性提出更高要求。为提高空中领航地面准备质量,填补空中领航地面准备缺少专业教学训练设备的空白,与"空中基本领航方法训练模拟系统"等形成系列化、高低搭配的空中领航模拟训练设备,实现"地面苦练,空中精飞"的教育训练目的,通过开发、研制"领航程序演练信息系统",为增强空中领航地面准备能力提供技术支撑和设备保障。

1. 领航程序演练信息系统的主要用途

领航程序演练信息系统主要用于:

① 飞行人员自主进行领航程序演练;

② 飞行人员进行领航计算演练;

③ 飞行人员进行领航注意力分配演练;

④ 辅助飞行人员背记领航数据;

⑤ 随机生成领航程序演练数据;

⑥ 为领航程序演练评估提供可视化分析工具。

2. 系统功能

(1) 航线数据自动计算、自动标注

自动计算:磁航线角、航线距离、飞行时间、时间分划、修正系数、检查点地标中心到航线的距离、预定电台方位(预定电台相对方位);

航线、数据标画:自动进行航线标画和数据标注;

预先领航计算:计算航线总距离、航线总飞行时间、安全高度等领航数据。

(2) 训练设置

航线编辑:基本点、检查点、预定方位线、特殊角自动生成、航线库管理;

导航台编辑:位置、频率参数、圆锥效应角、预定方位线管理;

航线飞行数据设置:风速、风向、温度、场压、机场高度、磁差、起点偏差(左右距离)、爬高求地速(起点高度、起点速度、爬高时间)等航线数据设置。

（3）系统控制

主要包括：系统开始、暂停、停止控制，倍率设置，飞行仪表、显示开关设置等功能。

（4）飞行控制

从领航参数控制的角度改变航向、速度、高度等领航参数。

（5）系统仿真

模拟仿真领航航行规律、爬高求地速、高度修正、航向修正、空速修正模型、准时到达等领航训练过程。

（6）提供领航程序演练分析、评估工具

包括领航演练程序数据记录与回放、评分辅助工具、参数（空速、地速、偏流、高度）、改航事件记录等。

7.2　系统界面

双击桌面快捷方式启动系统，显示名称、版本号、版权等信息（见图7-1）。

图7-1　关于对话框窗口

系统界面如图7-2所示。主要由系统菜单、工具条、综合显示区、数据显示区和飞参数据等几个部分组成。

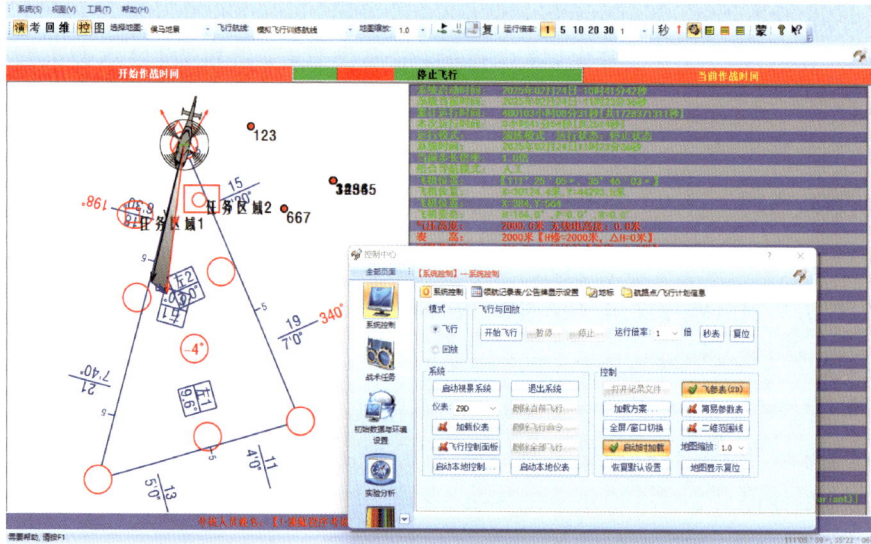

图 7 - 2　系统界面

7.2.1　系统菜单

系统菜单包括系统、视图、工具和帮助几个部分,与标准 Windows 程序基本相同,大部分菜单的功能在工具中也有体现。

7.2.2　工具条

1. 标题条

标题条(见图 7 - 3)主要显示系统名称、授权信息及当前运行状态。

领航程序演练信息系统—【飞行模式】【★陆军航空兵学院研制★】

图 7 - 3　标题条

2. 标准工具条

标准工具条的主要功能如图 7 - 4 所示。

3. 时间、状态轴

时间、状态轴左侧显示开始飞行时间,右侧显示当前飞行时间,中间显示已经飞行时间(见图 7 - 5)。

4. 考核信息

考核信息依次显示考试人员姓名、学号、地图航线等信息(见图 7 - 6)。

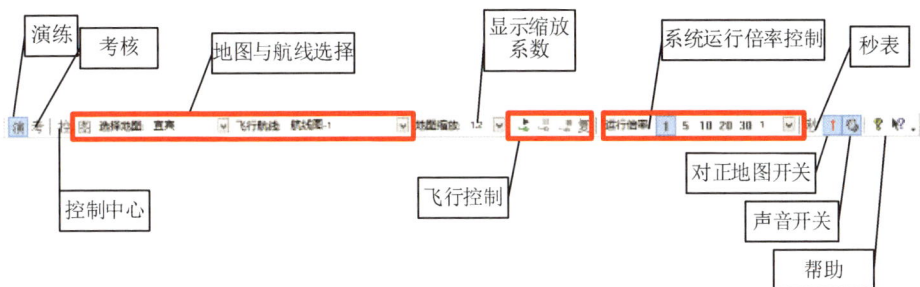

图 7-4 标准工具条

图 7-5 时间、状态轴显示

图 7-6 考核信息

7.3 演练与考核

7.3.1 进入演练与考核模式

单击"工具条"演、考弹出如图 7-7 所示对话框。

图 7-7 输入信息对话框

选择地图、航线,输入姓名、考号,根据气象风计算应飞航向,输入应飞航向后按
"确定"按钮开始演练或者考核。

7.3.2 演 练

演练开始后,背景为地图,显示有航线及参数,直升机按航行规律航行。左下角为当前飞行时间、磁航向、空速、气压高度以及秒表计时情况,右边显示为飞行参数与仿真相关数据。通过工具箱上的飞行控制图标进行飞行控制(见图 7-8)。

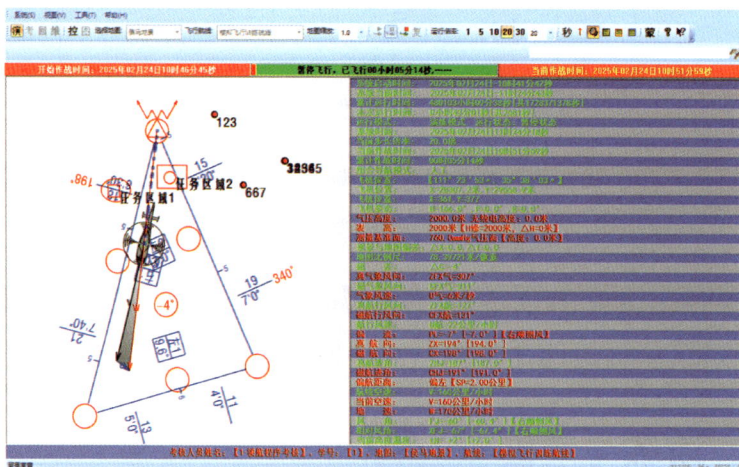

图 7-8 演练界面

7.3.3 考 核

考核状态下只显示航线基本点,不显示参数(见图 7-9),需要结合地图进行有关判断。

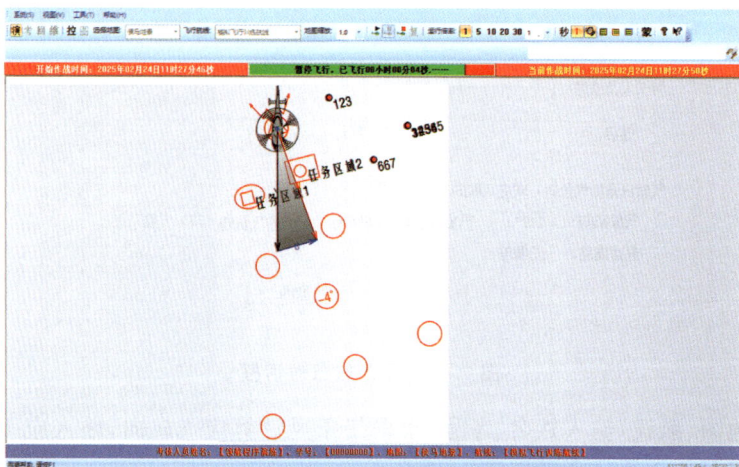

图 7-9 考核界面

7.4 控制中心

单击"工具条"控打开"控制中心",控制中心主要用于对系统、飞行、训练数据等进行设置与控制。

7.4.1 系统控制

系统控制界面如图 7-10 所示。

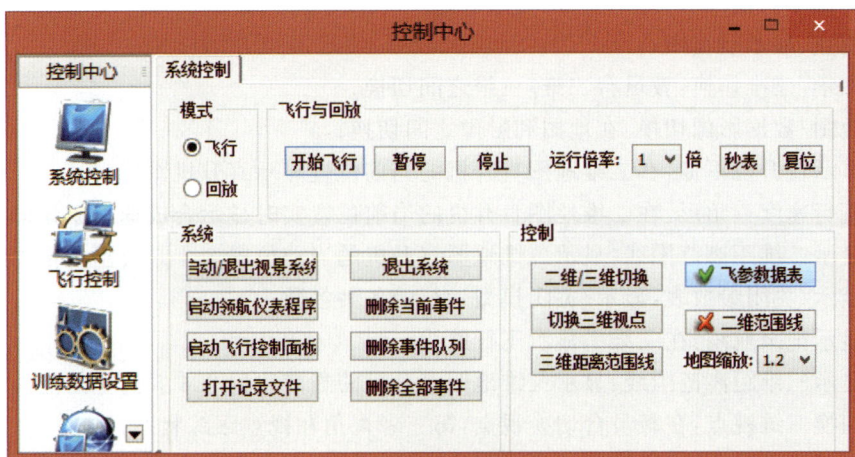

图 7-10 系统控制

1. 模式控制

飞行模式是进行模拟训练的模式,回放模式是进行训练讲评时使用的模式。模式选择"飞行"或"回放"功能。

2. 飞行与回放

飞行与回放:主要功能有开始飞行、暂停、停止,步长倍率调整(仿真步长),全部复位;

开始飞行:直升机开始飞行,根据模式不同,实时飞行与回放;

暂停:暂停飞行;

停止:停止飞行。

3. 系 统

系统功能:运行视景系统,启动领航仪表程序,启动飞行控制面板,打开记录文件,退出系统,删除当前事件,删除事件队列,删除全部事件;

运行视景系统:运行多通道视景系统和学员台;

启动领航仪表程序:在教员台启动领航仪表程序;

启动飞行控制面板:启动训练机的飞行控制面板;

打开记录文件:打开回放记录文件,以备回放;

退出系统:退出系统运行;

删除当前事件:删除当前正在执行的机动飞行事件;

删除事件队列:删除机动飞行事件队列;

删除全部事件:删除当前事件和事件队列。

4. 控制开关

包括:二维/三维切换、地图/数据影像切换、显示直升机军标、航行速度三角形、显示二维距离范围线、显示/关闭参数表、显示记录航线、显示三维距离范围线、切换三维视点、显示航线图;

二维/三维切换:教员台二维/三维之间切换;

地图/数据影像切换:在地图和影像之间切换;

显示直升机军标:在二维地图直升机的当前位置显示直升机军标;

航行速度三角形:在二维地图直升机的当前位置实时显示合成速度三角形;

显示二维距离范围线:显示二维地图直升机的当前位置3、4、5公里的范围线;

显示/关闭参数表:显示/关闭模型运行的各种参数;

显示记录航线:在三维中显示飞行航线;

显示三维距离范围线:显示三维地图直升机的当前位置3、4、5公里的范围线;

切换三维视点:在教员台切换视点:第三者视角和视点跟踪状态;

显示航线图:在二维地图上显示航线。

7.4.2 飞行控制

飞行控制主要对无线电领航和准时到达等领航方法和课目进行飞行控制。

1. 地标推测领航

在训练过程中,飞行员需要对航行诸元进行修正,该过程通过修改飞行控制板中的各类信息来实现(见图7-11)。

飞行控制板对话框分为三部分:航向修改框、速度修改框和高度修改框。其中航向修改框用来修改航向,航向的修改有两种方式:一种是设置航向需要转过的角度,此时在航向修改框左部分操作,可以快捷进行左、右转5°、10°的操作,也可以设置任意角度,并规定向左转还是向右转;另一种是设置新航向的度数,此时在航向修改框右部分操作,可以设置任意角度,并规定从左转还是从右转,或者选择自动转弯,这时系统自动以最快的方式转弯;另外,还可以设置直升机转弯时的坡度。

速度修改框用来修改与速度有关的数据,可以设置速度的增速或消速值,还可以设置增(消)速率。

高度修改框用来修改与高度有关的数据,可以设置高度爬升或下滑值,还可以设

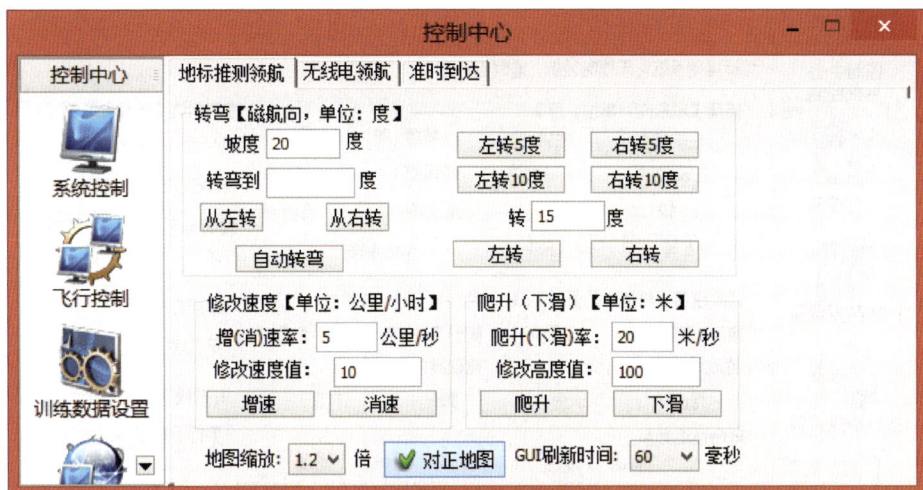

图 7 - 11　地标推测领航

置爬升(下滑)率。

2．无线电领航

无线电领航界面包括转弯、修改速度、爬升(下滑)，参见前面，除此以外还有电台调谐频率(见图 7 - 12)。

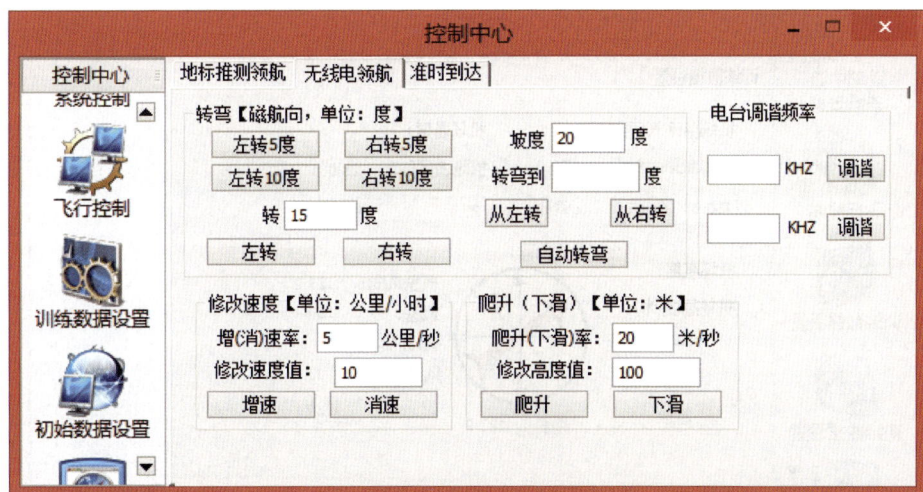

图 7 - 12　无线电领航

3．准时到达

准时到达界面包括转弯、修改速度、爬升(下滑)、电台调谐频率(参见前面)，除此之外还有准时到达，可输入坡度、平飞时间、绕飞方法等(见图 7 - 13)。

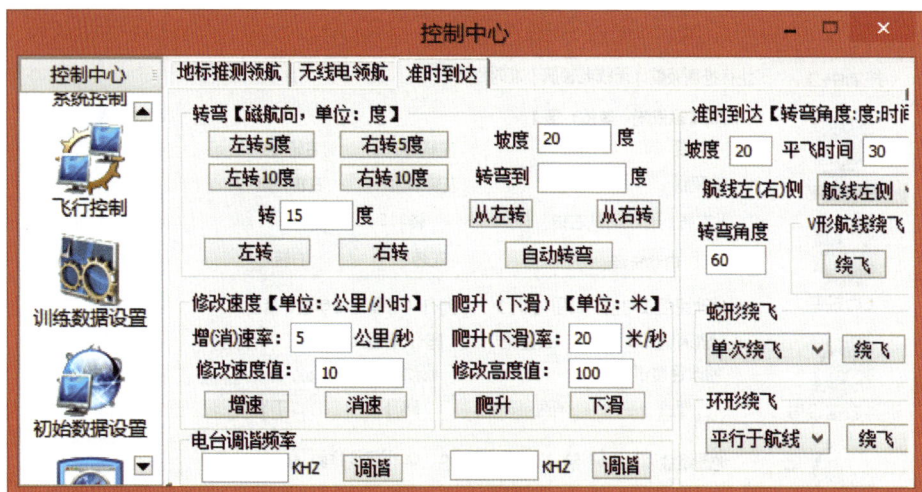

图 7 - 13　准时到达

7.4.3　训练数据设置

在训练数据设置界面可以设置训练的各种条件,主要有机场场压、温度、高度、磁差、风向、风速等的设置(见图 7 - 14)。

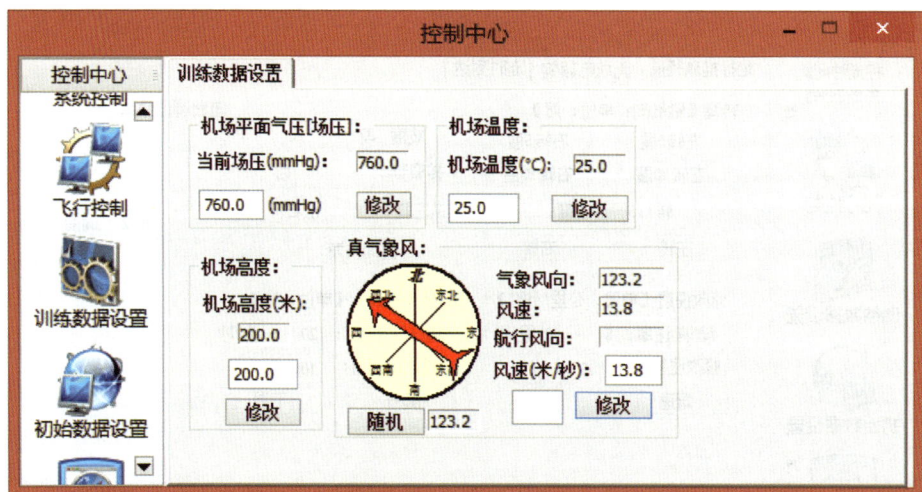

图 7 - 14　训练数据设置

7.4.4　初始数据设置

在初始数据设置界面可以设置直升机的初始位置和姿态,主要有位置、高度、航向、速度等的设置,还可以保存、加载已设置数据(见图 7 - 15)。

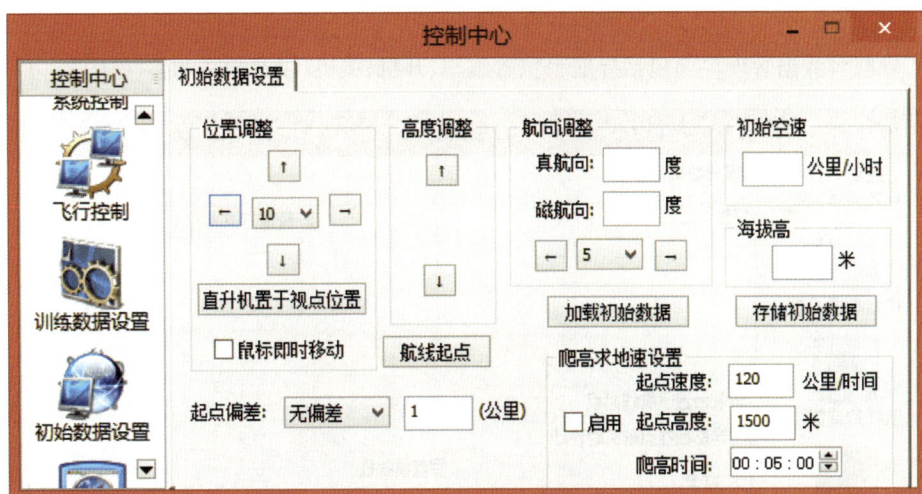

图 7 - 15 初始数据设置

7.4.5 飞行航线数据管理

在飞行航线数据管理界面可以编辑航线基本点、检查点,还可以进行数据保存、加载(见图 7 - 16)。

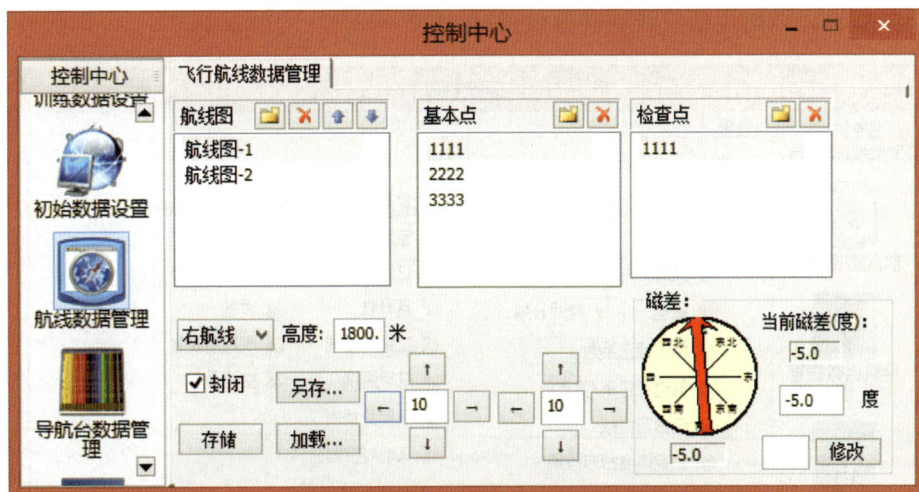

图 7 - 16 飞行航线数据管理

7.4.6　导航台数据管理

导航台数据管理界面包括导航台位置编辑、开机、关机,以及频率调整(见图 7 – 17)。

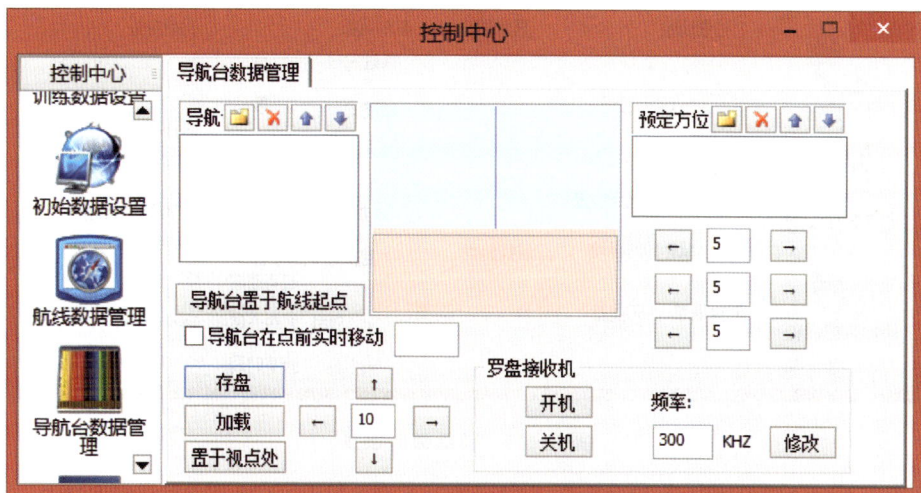

图 7 – 17　导航台数据管理

7.4.7　导航设置

导航设置界面包括航线和其他设置(见图 7 – 18)。

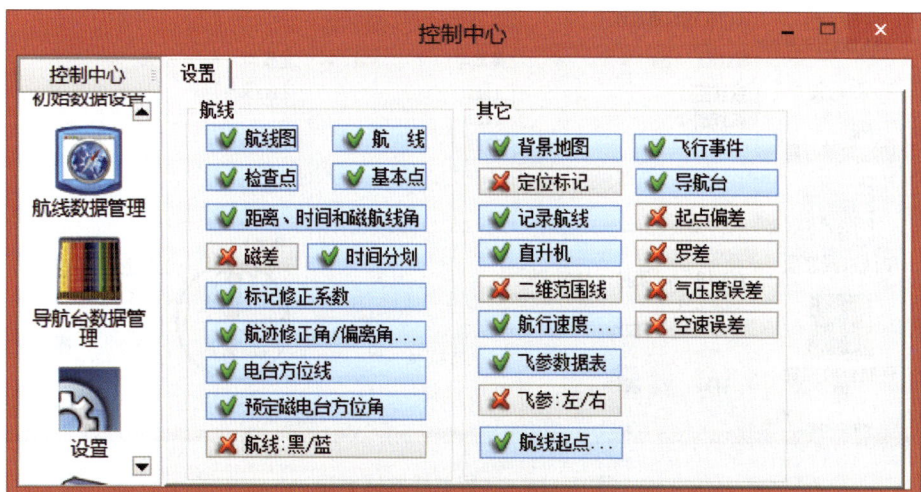

图 7 – 18　导航设置

7.4.8　地图数据管理

地图数据管理界面包括地图数据增删和地图数据比例设置(见图 7 - 19)。

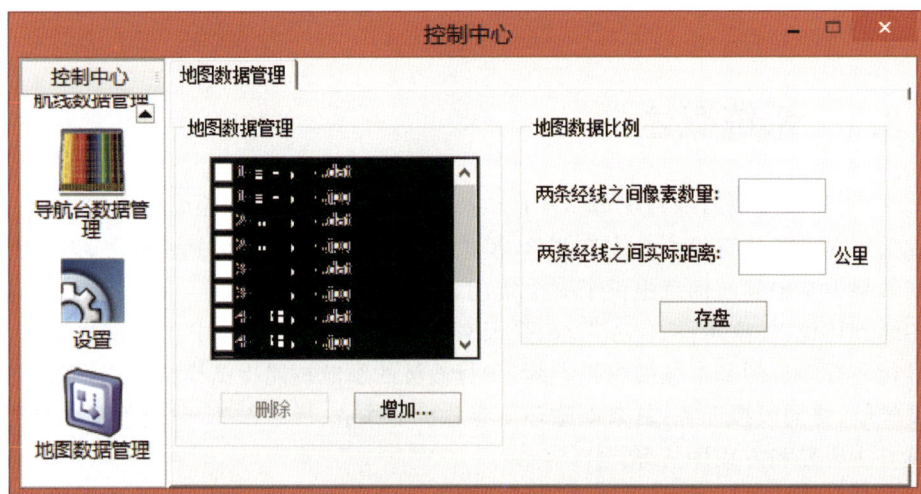

图 7 - 19　地图数据管理

第8章　空中领航模拟训练系统

8.1　系统概述

"空中领航模拟训练系统"是专门针对空中领航训练的多功能模拟训练系统。该系统采用先进的计算机视景仿真技术,模拟再现空中领航训练的真实环境,以逼真的仿真效果为空中领航训练提供了一个实用、高效的模拟训练平台。该系统可根据不同的地理环境、气象条件、任务需求、受训对象,进行各层次的空中领航模拟训练,能够进行飞行学员的基本领航模拟训练,飞行教员的领航技能提高模拟训练,部队飞行人员领航、协同模拟训练,复杂电磁环境应急机动作战、反恐作战、非战争军事行动的领航方法研究和方案评估等。

与实装训练相比,依托该系统开展的空中领航模拟训练具有不受地理环境、气象条件、保障条件等限制,投入少、效益高、技术先进、维护方便、功能强、课目全、操作简单、仿真度高,以及拓展空间大,安全压力小等特点,可产生良好的军事和经济效益,为加快陆航"航空飞行与指挥专业"学科建设和飞行人员领航水平的全面提高起到积极的推动作用。

8.2　系统功能和组成

空中领航模拟训练系统由硬件和软件两部分组成,从功能上分为教员子系统、飞行控制子系统和飞行仪表、航路以及飞行状态子系统,主要用于空中领航的模拟训练与教学。

8.2.1　硬件系统

硬件系统提供领航模拟训练软件运行需要的视景(视景生成计算机、融合)、网络、计算机等硬件。系统的硬件组成如图8-1所示。

8.2.2　软件系统

领航模拟训练软件系统包括教员、仿真、视景、仪表、通信和辅助等各子系统,以满足领航模拟训练与教学的需要。领航模拟训练软件由各子系统组成的教员台、训练台和视景系统组成,如图8-2所示。

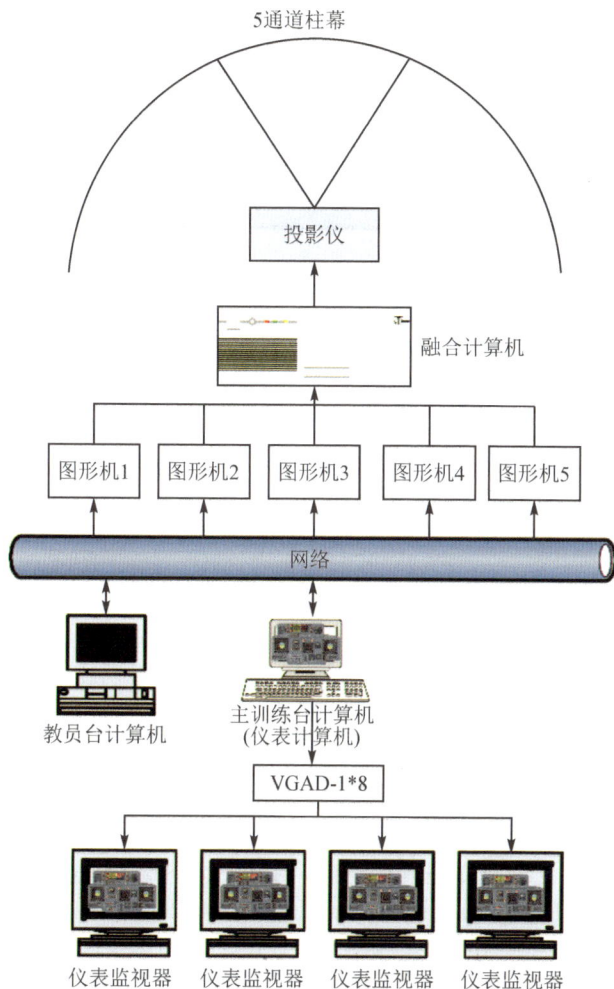

图 8 - 1　硬件结构

1. 教员子系统

教员子系统的功能包括：系统运行控制、训练环境设置（风速、风向、复杂气象）、改变训练内容、课目、难度，以及训练评分。

2. 仿真子系统

仿真子系统主要提供直升机起飞、按最近航路转到指定航向、左转、右转、改变高度、改变速度、改变上升率、改变下降率、改变转弯坡度的计算，修改参数接口以及数据的记录与回放。

3. 视景子系统

视景子系统提供训练需要的 5 通道和单通道大地景渲染、融合与显示，由仿真子系统进行驱动。

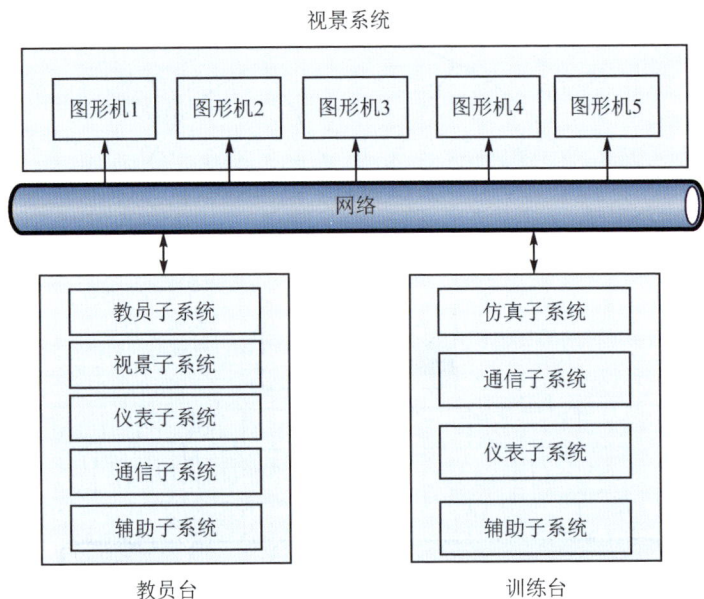

图 8 - 2　软件示意图

4．仪表子系统

仪表子系统主要提供不同型号直升机与领航有关的仪表,包括直升机气压高度表、无线电高度表、速度表、组合罗盘、地平仪、升降表、时钟、大气温度表等。

5．通信子系统

通信子系统主要完成分布进程(网络)、同机不同进程(共享内存)、进程内(全局变量)间的通信。

6．辅助子系统

辅助子系统主要提供系统运行直升机数据库(如爬升率、转弯率等),记录文件格式以及不同音像数据与驱动。

8.3　模拟座舱设备及使用

8.3.1　模拟座舱外观

空中领航模拟座舱是开展空中领航模拟训练的重要平台,其外观在直九直升机座舱的基础上改进而来。为了适应空中领航模拟训练的特殊需求,模拟座舱采用 4 座并联式设计,可供 4 人同时开展训练,座舱的实装效果如图 8 - 3(a)所示。按座舱分布,将座席分为"1 领座席、2 领座席、3 领座席和 4 领座席",其位置分布如图 8 - 3(b)所示。其中 1 领座席为主要领航座席,负责计算数据和修改航行诸元。每个席位均配有一台仪表显示器,用来显示各仪表和飞行控制板,其显示效果如图 8-4 所示。在 1 领座席前另外加配键盘、鼠标,用于主领航员修改航行诸元。

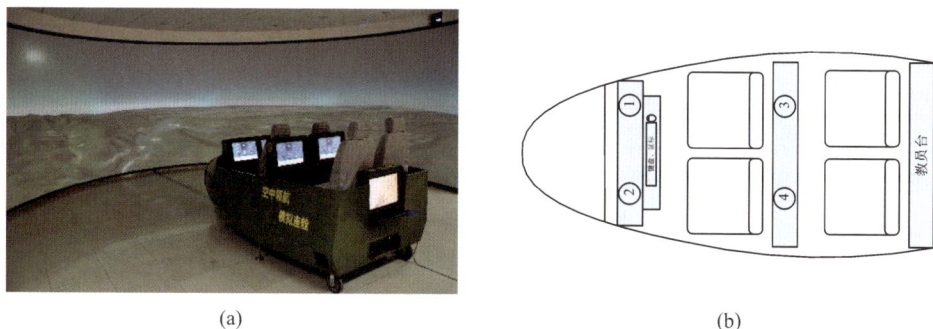

(a)　　　　　　　　　　　　　　　　　　　(b)

图 8-3　模拟座舱图

图 8-4　仪表显示器显示效果截图

8.3.2　座舱仪表的使用

座舱仪表包括与空中领航训练有关的仪表设备,主要有航空时钟、组合罗盘、空速表、气压高度表、无线电高度表、地平仪、大气温度表、无线电罗盘控制盒等。

1. 航空时钟

航空时钟用来对日常时间和飞行时间进行计时,并用来计算直升机的续航时间、航程,到达目的地的预计时间等,是空中领航模拟训练的重要仪表。

航空时钟包括一个带有指针和白色数字的刻度盘,用来指示当时时刻;一个标有0~15 min 及指针的分钟累计器,可以用来进行分秒计时。在表盘右下角有一个用来使分钟累计器启动、停止、回零的按钮,其操作方式是使用鼠标点击按钮,第一次点击启动,第二次点击停止,第三次点击回零,如图 8-5 所示。

领航时钟使用时,顺时针转动左下方的旋钮进行上弦,拔出反时针转动可对时;一按此旋钮打开续航时间表,二按关闭,三按指针回零;右下方的旋钮控制秒表,一按开始计时,二按停止计时,三按秒表指针回零位。读表时要弄清每个刻度盘上的刻划,哪一个指针走一格或一周代表多少,以防读错。另外,由于领航时钟较小,刻度盘和指针较多,加之直升机振动和光线的问题,不易看清,注意读表时按照"先读秒,后读分,再读时"的顺序进行。

2. 组合罗盘

组合罗盘可以为领航员提供一个稳定的航向基准,主要是显示直升机的磁航向,与无线电罗盘配套显示无线电方位角,如图 8-6 所示。红色三角指标对应刻度盘的数值是磁航向,黄色指针针头指示的是磁电台方位角,针尾指示的磁飞机方位角。

罗盘指示器固定部分的正上方有一"红三角",称为航向指示,读取航向就是以它为基准所对应的数值;另外,每隔 45°还有七个"白色三角"。内圈表盘部分刻划为0°~360°,0°、90°、180°、270°分别用 N、E、S、W 表示,每 5°一短刻划,每 10°一长刻划,每 30°标有数字,读取航向时数字均应乘以 10,如罗盘中的"6",代表航向 60°。使用时,地面接通电源开关 1.5 min 后,按快速协调按钮,当航向稳定,此时即为停机航向,检查指示是否正常,飞行员左右座的电磁罗盘与磁罗盘指示是否一致。飞行中,当直升机状态不稳定(如转弯)时,不能按快速协调按钮,需待转弯结束状态稳定后再按。读取航向时要快速准确,要兼顾航向指标左右的刻划和数值,避免出现读取航向差 10°的现象。

图 8-5　航空时钟

图 8-6　组合罗盘

3. 空速表

空速表是用来测量直升机相对空气运动速度的仪表,如图8-7所示。领航员根据空速表的指示,以及空中气温,计算真空速时使用。表指示的数值为表速。空速表指示器由刻度盘和一个指针组成,直升机的高度表一般指示范围为0~350 km/h,从50 km/h开始刻划,每10 km/h一刻划,每50 km/h一个数字,读表时数字应乘以10。空速表指针指示的数据称为表速,因为空速存在仪表误差和密度误差,要想得到真空速,还需要根据飞行高度、空中温度,用计算尺修正换算。

4. 气压高度表

气压高度表是根据高度升高大气压力减小的规律,通过测量大气压力来指示飞行高度的仪表。如图8-8所示,其长指针转一圈为1 000 m,每一刻度为20 m;短指针转一圈为10 000 m,每一刻度为200 m。气压刻度范围为926~1 040 hPa。气压式高度表是根据高度升高大气压力减小的规律,通过测量大气压力来指示相对某一气压面飞行高度的仪表。指示器一般有两个指针,刻度盘、气压刻度窗、调整旋钮各一个。使用气压式高度表时,要熟悉刻度盘的刻划代表的高度数值,长短指针代表的高度数值;场内飞行一般使用场压高,在地面,高度表定上场压,指针应指"0";场外和转场飞行使用标准气压高,需在起飞后一定时机进行场压到标准气压的调整;要注意对气压高度表的误差进行修正,保证其指示的准确性。

图8-7 空速表　　　　　　　　图8-8 气压高度表

5. 无线电高度表

无线电高度表用于测量直升机相对正下方地面的真实高度,主要为低空、超低空、起落飞行提供精确高度。其指示范围为0~600 m,如图8-9所示。无线电高度表用于测量直升机相对正下方地面的真实高度,由收发机、天线、指示器及附件组成,各机型的指示范围大多在1 500 m以下,主要为低空、超低空、起落飞行时提供精确高度。使用无线电高度表时,要注意不能超出表指示的最大范围,超低空飞行时,不能低于预警高度,注意红色警告灯的指示;测量真高时,直升机下方地势应平坦,否则会有误差。

6. 地平仪

地平仪用于给领航员提供俯仰状态、倾斜状态等信息。地平仪中心是一个可以滚动的球体,由"天地线"分成上棕下蓝两部分,"小飞机"是固定的。"小飞机"和"天地线"的上下移动,显示直升机俯仰状态的变化,俯仰刻度每5°有一标记,每10°有数字标记。固定"小飞机"和"天地线"的相对移动,显示直升机的坡度变化。在刻度盘上有0°、10°、20°、30°、60°、90°刻度标志,如图8-10所示。

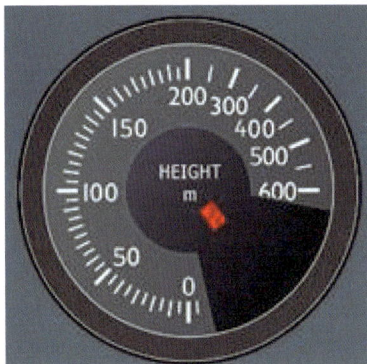

图8-9 无线电高度表

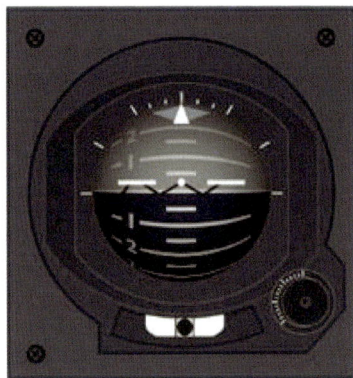

图8-10 地平仪

7. 大气温度表

图8-11 大气温度表

大气温度表用来指示直升机外界的空气温度,刻度范围为-60~+70 ℃,如图8-11所示。大气温度表是测量外界大气温度的仪表,为飞行员提供直升机飞行高度上外界大气温度数值,可用于表速与真速、表高与气压高等的换算,通过大气温度表也可掌握直升机外界气象条件是否可能产生结冰等状况。

8.3.3 飞行控制板的使用

在训练过程中,主领航员需要对航行诸元进行修正,该过程通过修改飞行控制板中的各类信息来实现,如图8-12所示。

飞行控制板对话框分为三部分:航向修改框、速度修改框和高度修改框。其中航向修改框用来修改航向,航向的修改有两种方式:一种是设置航向需要转过的角度,此时在航向修改框左部分操作,可以快捷进行左、右转5°、10°的操作,也可以设置任意角度,并规定向左转还是向右转;另一种是设置新航向的度数,此时在航向修改框右部分操作,可以设置任意角度,并规定从左转还是从右转,或者选择自动转弯,这时系统自动以最快的方式转弯;另外,还可以设置直升机转弯时的坡度。

速度修改框用来修改与速度有关的数据,可以设置速度的增速或消速值,还可以设置增(消)速率。

高度修改框用来修改与高度有关的数据,可以设置高度爬升或下滑值,还可以设置爬升(下滑)率。

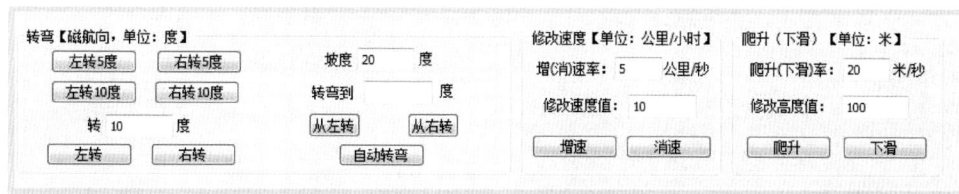

图 8 - 12　训练台飞行控制板

8.4　教员控制台的使用

8.4.1　教员控制台功能

教员控制台是空中领航模拟系统的核心,主要功能有生成系统模型、系统控制、训练条件设置、初始数据设置、环境数据设置、导航台(定向台)设置、航线编辑等。教员控制台显示主界面如图 8-13 所示,主界面由视景监控窗口、集中控制面板、飞行参数监控窗口、航线监控窗口、航行速度三角形监控窗口等组成。教员可以利用集中控制面板设置训练条件和控制训练进程,通过各监控窗口可以实时了解和掌握训练效果。

8.4.2　集中控制面板的使用

1. 系统控制菜单

系统控制菜单主要功能如下:

模式控制:飞行模式是进行模拟训练的模式,回放模式是进行训练讲评时使用的模式。

飞行与回放:主要功能有开始飞行、暂停、停止、步长倍率调整(仿真步长)、全部重新复位。

系统:主要功能有打开记录文件、关闭视景系统、删除当前事件、删除事件队列、删除全部事件等。

控制:主要功能有二维/三维切换、显示/关闭参数表、地图/影像切换、显示记录

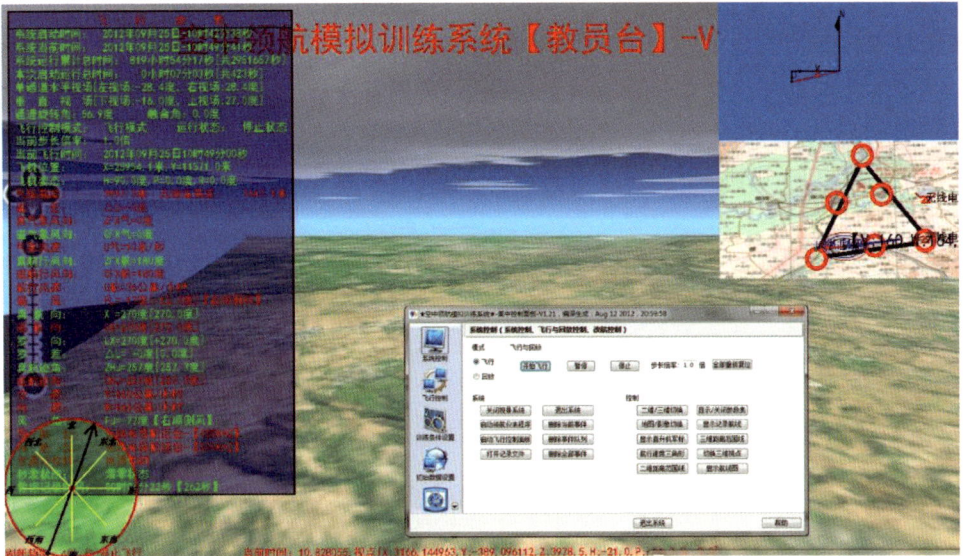

图 8 - 13　教员控制台界面

航线、显示直升机军标、三维距离范围线、航行速度三角形、切换三维视点、二维距离范围线、显示航线图，如图 8 - 14 所示。

图 8 - 14　系统控制菜单界面

2. 飞行控制菜单

进行地标推测领航训练时，飞行控制菜单的主要功能与模拟座舱中飞行控制板的功能一致，如图 8 - 15 所示，这里不再详述。

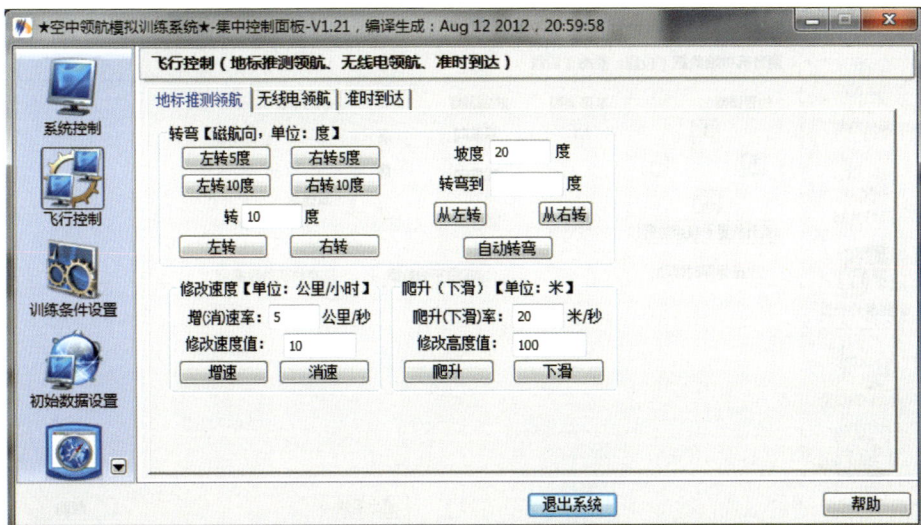

图 8 – 15　飞行控制菜单界面

3．训练条件设置菜单

在训练条件设置菜单界面可以设置训练的各种条件，主要有机场场压、温度、高度、磁差、风向、风速等的设置，如图 8 – 16 所示。

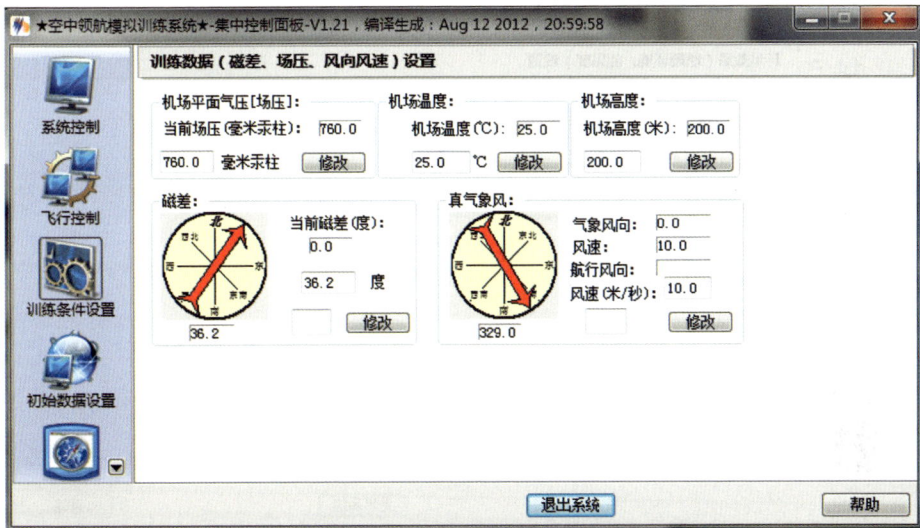

图 8 – 16　训练条件设置菜单界面

4．初始数据设置菜单

在初始数据设置菜单界面可以设置直升机的初始位置和姿态，主要有位置、高度、航向、速度等的设置，还可以保存、加载已设置数据，如图 8 – 17 所示。

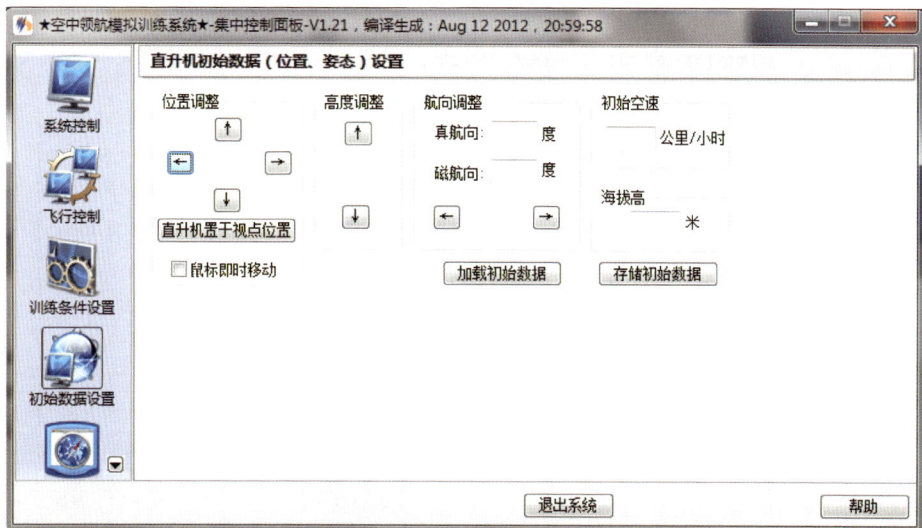

图 8 - 17　初始数据设置菜单界面

5. 环境数据设置菜单

在环境数据设置菜单界面可以设置环境数据，主要有时间、能见度、特殊天气（如雨、雪）等的设置，如图 8 - 18 所示。

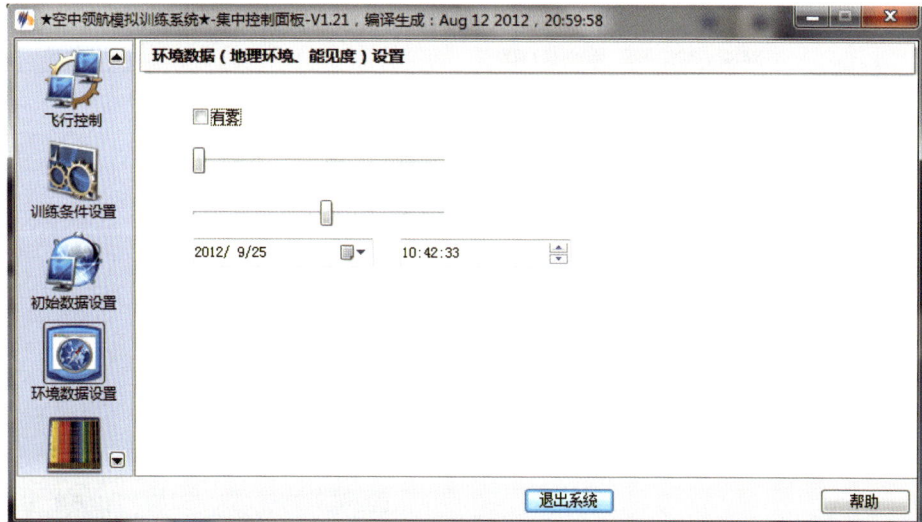

图 8 - 18　环境数据设置菜单界面

第9章 领航技能训练的组织实施

空中领航技能训练,基本按准备、实施、讲评三个阶段组织实施。但由于训练周期、参训人员、设备装备限制,组训过程应充分考虑其具有的训练特殊性,充分考虑各种因素带来的不利影响,合理安排场地、设备,组织人员,调节训练批次,按照分期分批、轮流训练的方式进行,科学合理制定训练计划,在地面模拟训练环境中形成实装训练所达到基本技能,发挥模拟训练的独有优势,完成好既定训练任务。领航技能训练包括领航计算技能训练、领航准备实施能力训练、领航综合演练、领航模拟训练4个环节。

9.1 训练目标

空中领航技能训练,是在飞行学员掌握领航基本知识的基础上进行的一项技能训练,是依据大纲要求,由学员向飞行员转变过程中所必须经历的重要训练阶段之一。通过模拟训练,使学员早日介入飞行情况,感受飞行氛围,体验飞行感觉,形成领航技能,掌握领航方法,为实装训练和第一岗位任职打下坚实基础。因此,根据学员领航基础知识掌握情况和阶段训练需求,确定了符合实际的学员培养目标和要求,就是注重打牢基础,学会最基本的领航方法,初步具备一定的领航技能。具体来说,就是飞行学员能够在航行课目模拟训练中,熟悉空中领航工作程序,熟练使用领航装备,初步掌握推测领航、地标领航方法,学会辨认地标、判断与修正航迹、记录表填写和领航计算等基本技能,初步具备独立领航能力,养成良好的职业习惯和工作作风。

1. 熟悉领航程序

按照飞行三个阶段(飞行准备、飞行实施、飞行后讲评)计划好各项工作内容,然后把它具体化,如准备阶段,分为内场领航准备和外场领航准备两个阶段,其内容各有侧重,要解决先做什么,后做什么,怎么做,为什么这样做,怎样不遗漏的问题。根据航行阶段的规律和要求,将航线上的工作确定为点和线的形式分别进行安排,如航线起点、检查点、转弯点、终点、起点至检查点航段、检查点至转弯点航段,最后一个检查点至终点航段等,把点和线的工作连接起来便是空中实施的领航程序。制定成领航计划,通过大脑记忆、模拟练习、徒步演练、教员提问等形式,把领航工作程序在地面练熟,便于空中顺利实施领航工作,熟练使用领航设备。

2. 熟练使用领航设备

初级领航设备一般比较简单,主要有:空速表、无线电高度表、气压式高度表、组合罗盘、磁罗盘和领航时钟。要正确熟练使用它们,就必须学懂设备的原理,清楚仪表指示特点,什么情况下仪表如何指示;学会准确判读,学会按仪表的指示记录基本航行数据,为领航计算提供依据;学会正确使用设备,做到无"错忘漏"动作,如气压高度表场压与海压的调整、无线电罗盘的调谐、领航时钟开关秒表等动作,均应快速准确到位。

3. 形成熟练的领航基本技能

空中领航是实用性、应用性很强的学科,理论知识与实践联系紧密,学员学到多少理论知识,在实践中就能应用上多少;同时,训练也是知识向技能转化的过程,领航技能训练正好提供了这样的平台,通过反复训练,学员逐步掌握知识运用,从单项技能向多项技能积累,由原来的理论知识向技能过渡、转化,从而使学员具备一定的领航基本技能,满足实装机训练需要。

4. 熟练掌握基本领航方法

学习领航理论知识,练习空中领航工作程序,制定领航实施计划,引领直升机准确航行,完成课目训练任务,必须靠各种领航方法来实现。对于飞行学员来说,在院校只要学会推测、地标和无线电三种领航方法即可,不必涉及更高层次的训练方法和内容,只要打牢基础,掌握基本技能,再难的问题都会迎刃而解。因此,领航技能训练就是立足于使学员学会领航的基本方法,培养基本技能和能力,注重领航"启蒙"教育和打基础的训练,为学员第一任职岗位需要提供强有力的支持。

5. 培养学员良好的领航工作作风和习惯

空中领航工作不同于其他工作,它要求工作细致入微,计算精准快速,时间观念较强,分析判断全面而准确,技能方法运用恰当,处置情况果断正确,所有这些,都是由空中领航工作特点决定的。因此,教员在指导学员训练中,应逐步灌输这样的思想和观念,不管做哪一项工作,即使再小,也要严格要求,把地面的准备等同于空中工作,从小事着眼,从点滴入手,既要强调领航工作的重要性,更要杜绝由于工作疏忽和不认真可能带来的严重后果,使学员在思想上提高认识,行动上养成良好的领航工作作风和习惯。另外,今后有单机或多机执行任务的情况,不管领航准备还是实施,都需要一个人来完成,所以,对学员独立领航能力的培养至关重要,训练中,在这方面要多下功夫,重点养成。

9.2　组训特点

空中领航技能训练是飞行模拟训练的重要组成部分,是推进飞行学员任职教育改革中训练模式的创新,不仅能够与实装航行训练紧密连接,而且通过模拟仿真训练形成了特有的领航能力训练模式。除与实装飞行训练有较多的相似之处外,由于其全部训练过程均是在训练环境实施的,就带来了自身固有的特点。

1. 训练周期短、培训学员多

学员进入模拟训练阶段后,以学员队为单位,学员分成飞行模拟训练、领航技能训练和航空心理训练三个组。根据时间节点交换训练内容,在同一时间段,各组的学员人数在 20~30 人之间。对于领航技能训练而言,在模拟器材装备不足的情况下,要完成大纲规定的训练时次有一定的困难,尤其是不能保证"一领"(或称为主领)的训练时次,对学员的领航能力形成、固化产生了一定影响。

2. 投入教学师资多

虽然组训仍按实装训练三个阶段进行,但由于学员多,每个学员每天的上机时间只有一个小时,多数时间学员要进行领航专业理论知识学习、训练准备及地面演练等,因此每个训练日要投入 3~4 名教员为学员讲课、辅导和带教,这样,会给教员增加工作量,从另一个方面讲会影响其他工作的完成,教员精力容易分散,工作易顾此失彼。

3. 领航技能训练器材本身特点突出

由于模拟座舱处于静止状态,训练环境还不能与实装机相比,至少还没有噪声、振动等功能。学员还不能较真实地体验空中的感觉,对于学员的心理紧张度和承受能力锻炼有所欠缺。"一领"学员要在模拟机转弯、航迹修正、领航参数判读、航行仪表使用等方面,进行手动操控,需要人工给计算机输入应飞航向等数据,但在航线上,高度、速度和航向等均由计算机自动保持,相当于实装机的自动驾驶仪的功能。为突出航线上的领航技能训练,取消了直升机起飞、飞向起点,以及通过航线终点后加入航线着陆的两个过程。

4. 学员领航基础理论知识水平参差不齐

学员从开始学习领航基础理论到开始模拟训练,仅仅两个月时间,学习 50~70 学时,内容多,时间紧迫,学员用于消化理解和练习的时间很少,带来的问题就是一部分学员理论问题没有完全弄清,进入模拟训练脑子也是糊里糊涂,不知来龙去脉,知其然而不知其所以然,更谈不上理论知识向技能转化,最终影响模拟训练效果。

5. 组织领航技能训练相对复杂

学员进入领航技能训练阶段,不仅仅是上机练习的一项内容,实际上更多的是在做准备工作,比如:训练开始前要进行地面预习,其中包括地面授课、领航程序、方法、计算等准备,模拟练习,徒步演练和上机前考试。根据教学计划,在此期间,还要穿插完成领航理论剩余部分的授课任务。在训练中,要将在训学员进行分组,协调各组的教学训练任务,制定具体实施计划,每日抓好计划的落实,并实时做好讲评工作。训练结束后,要对每一名学员进行考核,评判成绩。除此之外,教员要做期班训练计划、周训练计划、每日训练统计、训练成绩登记、全期总结报告、领航用具发放与回收、召开训练形势分析会、学员训练质量监控、领航技能训练系统的运行与保障等。这些工作具体而细致,只有通过认真过细的工作才能完成,同时也给组织领航技能训练带来了许多困难。

总之,组织学员完成空中领航技能训练是比较复杂的,学员人数多、批次多、组别多、训练内容多、投入教学力量多、牵扯精力多,同时领航模拟装备少,训练周期短,面对诸多问题和矛盾,应当在计划的制定上、训练的组织上、教学师资的配置上、教学管理上多下功夫。

9.3　组训模式

按照全期训练计划,几个学员队以队为单位轮流进入,在同一时间段只有一个学员队进行模拟训练,完成后与另一个队进行交换。其他学员队则进行理论学习。

对于领航技能训练,在每个学员队分成两批的前提下,再分成若干个训练小组,最佳分组为一名教员一名学员。受装备、周期限制,同时为提高装备使用率及学员训练效益,每批分成多个小组,每组一般 2～3 人。这样分组主要考虑模拟座舱设计容纳人数和保证每人整个训练周期至少要完成 10 次航行训练。

训练时,按照周训练计划,每小组轮流进行理论学习、地面准备、徒步演练、上机训练等。每批用于领航训练的时间约为 14 个训练日。

每批学员训练时,还应给每位学员编好"代号",佩戴代号牌,有利于教员统一管理,并有针对性地了解掌握学员学习训练情况;每组还应确定一名学员为组长;经过几天的训练,将理论和训练突出的学员确定为"小教员",充分发挥他们在学员学习训练中的带头作用和榜样作用。

9.4　领航计算技能训练组织实施

领航计算技能训练的组织形式应适应飞行和领航训练"准备—实施—讲评"三个阶段的组织实施方法和特点,按照"讲解—训练—讲评"的模式组织实施教学。

方法讲解指根据计算方法的掌握情况有重点地讲解计算方法。技能训练指学员利用计算系统熟悉每种领航计算方法,对不熟悉的计算方法进行重点练习。讲评指针对技能训练过程存在的问题进行针对性讲评,如计算方法步骤、计算技巧、常见问题等情况。训练中要融入领航计算在领航中的作用、培养严谨细致的飞行作风等内容,强调领航习惯养成,通过严谨的习惯确保数据的准确,形成严谨的领航计算习惯,确保数据一次准确得出。

1. 误差修正

包括高度表气温误差修正和空速表密度误差修正,重点是明确使用时机、计算尺型和误差影响规律。

2. 速度、距离、时间换算

将尺算和心算方法结合训练,强调准确和快速。拿到要计算的数据,先分析数据计算范围,对应选择最快速的计算方法进行计算,同时心算明确数据结果的大概范围,对计算结果进行验证。灵活采用计算方法,大量密集反复地进行习题训练。

3. 计风仪的使用

强调航线速度三角形的直观应用,计风仪就是图解航线速度三角形,使用的全过程要有航线速度三角形的意识。强化对航线速度三角形的图示标准、培塑标准的印象,也为线角关系打下基础。计风仪的使用,要注意数据的连续性,一是体现在求三边应飞数据都是一个风点,二是体现在空中根据偏流地速点风点后继续对正下一边应飞数据。

4. 航迹修正计算

反复进行航迹修正角法和偏离角修正法相关计算,在计算过程中主要强调改航三角形和三线五角的应用。同时强调修正思维意识培养:航迹修正的基础是改航三角形和线角关系,领航计算的是具体数据,但是大脑应该同步将数据转化为改航三角形,以此为航迹修正打下基础,以防止修正错误,还要同步转化为三线五角的直观图示,进而为实测偏流做好准备。

5. 三线五角计算

反复训练偏航角、实测航迹、实测偏流这一计算过程。计算中明确三线五角关系,引导学员建立直观的线角印象;强调领航目测习惯、线角观念的养成。

9.5　领航准备技能训练组织实施

领航准备与实施技能训练的重点是实现学员对领航程序、领航计算、检查分析航迹、修改航迹、求风、下边数据、记录表填写等领航工作的融会贯通。训练中需要检查理论学习阶段地图作业完成情况及质量标准,讲解发现的普遍性问题及易出差错的地方;结合第一阶段理论学习掌握情况,复习、讲解、熟练预先领航计算、研究航线情况、制定飞行领航计划和领航程序演练的内容与方法;利用演练信息系统、领航模拟训练系统进行一步一动的演练,逐步实现整个领航工作的融会贯通。

1. 地图作业训练

(1) 训练标准要求

学员在各学习、训练阶段,要求能够在 15～20 min 内完成一条三边航线的地图作业。地图上标记的数据,距离应精密到公里,角度精密到度,时间精密到 10 s,修正系数精密到 0.1°。但在数据量算时,应允许有一定误差,即角度 ±1°,修正系数 ±0.3°,距离 ±1 km,时间 ±30 s,速度 ±5 km/h。

(2) 训练准备

在地图作业前,学员应熟悉航空地图的认读和使用,对飞行区域的地貌概况、主要点状、面状地标分布、线状地标的走向、地标的特征及其相关位置关系、高大障碍物的标高等,要认真研究,做到心中有数,了如指掌。准备向量尺、计算尺、红蓝铅笔、2B 铅笔、橡皮、小刀等作图工具。向量尺的使用要先熟悉尺的结构、直尺边缘的刻划所对应的地图比例尺关系,使学员看清尺上的比例尺是否与地图比例尺一致。将向量尺的量角器转盘部分的凸出处放置在正上方,以备测量航线角时使用。

（3）讲解示范注意事项

教员要做好作业示范,以面对面的直接示范为主,示范动作力求准确、熟练、干净利落,边示范边讲解,同时,在工作作风上起到示范作用。地图作业最适宜小组或一对一的实作示范,当然,在没有小班教学条件时,大班教学在实物投影上做示范,效果也会很好。

地图作业应从严从细入手,准中求快。应从开始时就养成严谨的程序观念和认真细致的工作作风,要求在准确的基础上,通过多次练习达到熟练程度。地图作业中,发现问题应及时纠正,切忌形成痼癖毛病;要求写字、画线规范不潦草,铅笔不能来回描画,努力做到"一笔成"。

（4）严格培养作业程序习惯

一要按程序进行;二要达到一定的训练量;三要在训练中不断发现问题,找到解决问题的办法;四要从点滴入手,培养良好的工作作风;五要经常练习和检查作业情况,以巩固技能训练成果。只有这样,学员才能真正掌握地图作业技能。

2. 航线规划训练

为制定切合实际的飞行领航计划并顺利地实施空中领航,飞行前准备时必须认真地研究航线情况,应从航线的实际情况出发,正确地选择领航方法和制定特殊情况处置预案,对整个航线情况做到胸中有数,为顺利实施空中领航创造有利条件。研究航线的范围,主要根据机型、领航准备和航行条件来确定,通常包括航线两侧大约50 km的地区,低空航行不超过 30 km。研究航线的主要内容包括:研究沿航线的地形、地标;研究国境线和空中禁区;研究沿航线的备降机场和迫降地带;研究可供利用的导航设备;研究特殊情况处置等。

航线研究的结果评判是绘制航线地标简图,考查学员对航线数据的掌握情况和对航线资料的研究运用程度。航线地标简图的内容包括航线基本点、检查点、沿途面状(线状、点状)重要地标、航线沿途主要地形、机场、导航台、禁飞区、危险识别区等。要能够详细标绘各要素显著特征,位置准确,整洁美观,标绘规范、美观、简洁明了、易于辨认。

3. 制定领航计划

领航计划是实施空中领航的基本依据,它使空中领航工作有目的、有步骤地进行,所以,飞行前应根据飞行任务性质、航线情况和个人工作能力制定周密的领航计划。

其主要内容包括:起飞、集合和飞向航线起点的方法,进入航线的方法,测量航行诸元和检查、修正航迹的方法,准时到达的方法,搜索和进入目标的方法,进近穿云下降着陆的方法,特殊情况处置的方法等。领航计划的形式,通常采用略图式或条文式两种。

领航计划是飞行员对实施领航程序、方法和处置各种特殊情况的预先设想,也是实施空中领航的基本依据。周密而细致的领航计划可以使空中领航实施有步骤有秩序地进行,并能恰当地处置各种特殊情况,可以保证飞行任务的顺利完成。制定领航计划,应根据飞行任务的性质、航线情况和个人的工作能力等因素,安排好整个航线的主要领航工作,应在充分研究航线的基础上,制定出切实可行的领航计划。

要求学员根据航线研究情况制定出领航计划,通过制定领航计划考查学员的航线工作规划能力。领航计划的内容包括:进入航线、计算 JD 预达、检查航迹、搜索辨认 JD、地标定位、修正航迹、实测地速、计算 WD 预达、实测偏流、求实测风、计算下一边应飞数据、起飞返航工作、特情处置预案、关键数据地标等 14 项关键要素。领航计划必须有针对性,能够结合具体任务和航线研究情况,具体设置各项空中工作。同时领航计划要求清晰规范,字迹工整,各项工作标记位置准确。

4. 领航记录表填写

领航记录表是记载与实施领航有关的各种数据的表格。它是航行中实施领航的实际记录,是检查领航工作和训练质量,帮助飞行员记忆、检查已飞数据和预计数据,以及迷航后推算位置,发生领航问题后作为调查的重要数据。

领航记录表分为两部分。一部分是地面准备时,用于记载飞行前领航计算的数据和部分先进领航设备加载数据;另一部分是空中使用时,用于记载与实施领航有关的数据。没有专栏的数据填入附记栏内。通信、导航资料、出航图、归航图、穿云图,以及其他备用资料,填写在领航记录表的空白处。

教员应讲清记录表的作用,使学员明确填写记录表并不是可有可无的事情,而是学员应掌握的领航基本技能之一,不但要填好,还要发挥它应有的作用。应讲清记录表的填写内容、填写的一般规则和方法,训练中以一条航线为例,设定条件,对应表格,给学员做一次完整填写示范,边讲边示范,使学员建立系统印象。

飞行前准备时,利用模仿练习的方法,结合课目训练航线,教员给定条件,设置航行内容、数据,学员边练程序边练填写记录表,模仿填写各种情况所对应的数据,使学员逐渐熟悉填写方法。运用模拟机、实装机领航训练时,强化学员填写记录表意识,经过反复练习达到该项技能训练要求。通过技能训练,使学员做到填写记录表时准确快速、正确规范、清晰整洁、齐全可查。

9.6 领航综合演练组织实施

领航地面程序演练利用投影演练系统演练领航程序、计算、记录表填写等工作,使学员明确领航程序的过程和方法。不同航线一般演练 2 次,每次 45 min 左右。演练的内容是按照领航计划进行整个航行的程序演练。

1. 第一次进行第三视角演练

利用领航信息化演练地景平台,由教员带领学员沿航线进行演练,明确各阶段的工作程序、计算方法、要点和注意事项。演练重点是空中领航实施程序、各关键位置工作方法、领航计算时机、领航记录表填写。方法是利用领航信息化演练地景平台分组训练,以教学班为单位,分为 6 个小组,每个小组 8 人左右,与领航计算技能训练、准备技能训练分组交叉实施。

第一次程序演练以教员带教演练为主,细化讲解领航实施的每一个步骤、方法、要点、注意事项,学员通过学习和演练建立标准、规范、全面、准确的领航程序观念,掌握空中领航计算的方法和时机,掌握领航记录表的填写方法。后期学员可以进行自主演练,教员进行全程监控、提示、记录和讲评。

训练中,教员要严密组织,严格要求,杜绝学员纪律涣散、精力不集中、练习不认真、"练为看"走过场的现象;按要求填写"领航训练过程记录表",全面掌握每位学员的演练情况,有针对性地进行集体解答和个别指导,对程序不熟和方法不当的学员重点辅导;要能够及时发现学员存在的问题,准确分析其原因,灵活运用教学方法加以解决;学员在训练中要注意力集中,强化手脑配合,做到边演练边联想边思考,不错记一个数据,不遗漏一项程序,达到人人掌握,个个熟练。

2. 第二次进行第一视角演练

利用三通道视景演练系统,综合训练学员的领航程序、领航计算、记录表填写、地标辨认、航迹修正等领航实施能力,为领航模拟训练打好基础。演练的重点是强化领航综合能力、地标和领航程序计算的结合。演练的内容包括:空中领航实施程序、各关键位置工作方法、领航计算时机、领航记录表填写、地标辨认定位、航迹判断与修正等。方法是利用三通道视景演练系统或领航模拟器进行领航实施训练。分组以教学班为单位,分为 6 个小组,每个小组 8 人左右,与领航计算技能训练、准备技能训练分组交叉实施。

第一视角演练是在第一次演练的基础上,以学员训练为中心,教员重点讲解航线沿途地标特征、辨认方法,适时进行提示引导、指导帮带,规范学员演练过程,做好记录和讲评。教员在讲解带教的过程中,填写"领航训练过程记录表",详细记录各位学员的训练情况、各个技能掌握程度。领航实施技能训练开始后,原则上不打断、不暂停训练过程。

演练后组织总结讲评。讲评一般包括集体讲评、个人点评、小组复盘三部分。训练后,各组结合讲评情况进行训练后总结,由各组长主持,每人分享训练体会经验,对训练中发生的问题集中进行讨论,分析研究改进措施,明确每人下一步的技能训练重点,达到小组整体能力提升、共同进步的目的。

9.7　领航模拟训练组织实施

从学员开始,到进入空中领航模拟训练,再到这一阶段结束所进行的预期训练进度设置,既对每一条的目标任务及具体方法做出要求,也有利于帮助教员/学员掌握学员训练实效是否符合预期。训练主要包括十条航行。

9.7.1　第一次航行

1. 训前准备

① 讲解训练相关事宜,进行分组,明确组训方法等事宜。

② 强调领航计算技能的形成,讲解五项计算,讲解 CBT 教室设备使用方法。

③ 强化领航程序。

④ 布置全天上机训练任务与不上机人员训练内容。

2. 训练内容

① 分组进行上机训练,每组 12～16 人,由讲解基本设备判读、基本偏差判断、正侧方时机判断等地标应用进入。

② 按航线角进入(无风),引导学员按时间节点进行工作,根据程序需要合理分配注意力,重点强调空中工作程序,如无法完成具体内容,应先整体跟随实施。视情况进行一到两边航线实施,并讲解。重点体验空中工作程序,直观感觉空中环境工作情况,查找不足。

③ 将计算技能与程序熟练分成两部分,专项训练;严格要求,视情况详细讲解,使学员快速达到准确迅速的标准。

3. 教学重点

① 大组集中讲授,每组 12～16 人,确保所有人员体验一遍。

② 讲解基本设备判读、操作、地景方向偏差判断、正侧方时机判断等地标应用。

③ 结合当地景细致讲解空中工作程序,直观体验空中工作程序,完成由书面文字到动作和计算等实际工作的理解转换。

④ 不使用暂停功能,使学员充分感知空中工作的连续性与紧迫感。

4. 训练讲评

① 指出提高计算技能与熟练领航程序的方法与所应达到标准的要求。

② 根据学员吸收理解情况,确定进一步考核计算与程序的时机。

9.7.2　第二次航行

1. 训前准备

① 进行第一次五项计算,检查五项计算进度情况。

② 布置全天上机任务,以及不上机人员在 CBT 教室与程序演练场地或设备的训练内容。

③ 讲解偏航角、偏离角、航迹修正角的关系与心算方法,强调背记修正系数。

2. 训练内容

① 分组上机训练,每组 12～16 人,重复讲解基本偏差判断、正侧方时机判断等地标应用;重复提示空中工作内容,强化工作程序,视情况进行一到两边航线实施。

② 讲解搜索辨认地标工作;航迹、时间、相关位置、自身特征、无线电方位线。

③ 提示横向偏差(Sp)或开关秒表时机(t),帮助学员控制偏差,重点仍在熟悉空中工作程序,强化推测与搜索辨认等工作应在推测位置基础上进行。

④ 重点讲解推测与测算等空中程序。

⑤ 针对程序与计算环节进行讲评,查找不足。

3. 教学重点

① 大组集中讲授,每组 12～16 人,确保所有人员体验一遍。

② 适时插入讲解搜索辨认地标工作要领,重复讲解基本偏差判断、正侧方时机判断等地标应用;可视情况直接提示横向偏差(Sp)或开关秒表时机(t),帮助学员控制偏差。

③ 重复提示空中工作内容,强化工作程序,视情况进行一到两边航线实施;注重空中提示的时机,根据学员回馈确定讲解内容的多少与详细程度,讲解重点在推测与测算等空中程序。

④ 讲评重点在熟悉空中工作程序,强化推测与搜索辨认等工作时机,针对程序与计算环节进行讲评,查找不足。

⑤ 可选择性地使用暂停功能,进行针对性的详细讲解。

4. 训练讲评

① 确保所有人员体验一遍后,对第二次训练情况进行总结讲评。

② 进一步提出提高计算能力与领航程序空中实施能力的量化要求。

9.7.3 第三次航行

1. 训前准备

① 对前一次情况进行总结,提出第三次训练内容与目标。

② 布置不上机训练人员的计算技能与程序强化训练任务。

③ 讲解观测角测量、向点转弯等偏差产生与修正知识点。

2. 训练内容

① 分组上机训练,每组 3～6 人,初步降低能见度至 5～6 km,视情况进行三边航线训练。

② 提示空中工作时机,灌输按时间节点做工作的概念,视情况讲解搜索辨认地

标工作:航迹、时间、相关位置、自身特征、无线电方位线。

③ 继续重复讲解基本偏差判断、正侧方时机判断等地标应用,适时提示空中工作内容,强化工作程序。

④ 强调记录表的规范填写。

⑤ 讲评强化:要求记录表填写书写规范,填写位置准确,结合空中工作时机,减少错误;按时间节点做工作,"提前三分钟",未做完的工作不能再做了,继续后面的;讲解偏差对数据的影响。

3. 教学重点

① 每组 3～6 人,初步降低能见度至 5～6 km。

② 提示空中工作时机,灌输按时间节点做工作概念,继续重复讲解基本偏差判断、正侧方时机判断等地标应用。

③ 适时提示空中工作内容,强化工作程序,视情况进行三边航线训练,观察学员空中工作情况,根据学员掌握情况进行选择性提示,可以根据学员回馈确定放手量情况,允许出现部分偏差,在讲评中重点讲解程序性工作与测算准确性及能否及时完成等。

④ 强调记录表的规范填写:字体美观、书写不能涂改、项目位置准确、配图标准等。

4. 训练讲评

① 对第三次训练情况进行总结讲评,对有普遍性、代表性的偏差或训练优点进行全员详细讲评。

② 指出第三次训练结束应达到的领航计算能力与领航程序空中实施能力的标准,提出下一次训练的重点与应提高的内容。

9.7.4　第四次航行

1. 训前准备

① 对前一次情况进行总结,提出第四次训练内容与目标。

② 布置不上机训练人员的计算技能与程序强化训练任务。

③ 进行领航计算第一次机考。

④ 讲解偏离角改航等偏航修正和计风仪使用技巧知识点。

2. 训练内容

① 分组上机训练,每组 3～6 人,降低能见度至 4～5 km,进行三边航线训练。

② 对航迹、时间观念进行强化教学,建立推测位置意识。

③ 程序性工作熟练度与测算准确性等。

④ 提出风场概念,引导学员整体思考风场对各边的影响。

⑤ 强调记录表的规范填写。

⑥ 讲评内容：记录表的规范填写，航迹、时间、推测位置意识，测算准确性，记录表对数据的影响及提高方法。

3. 教学重点

① 降低能见度至 4～5 km，强化推测意识，进行三边航线训练。

② 根据学员工作情况适时提示空中工作内容，重点提示航迹、时间观念，强化推测位置意识，观察学员空中工作情况，根据学员掌握情况选择性提示，可以根据学员独立完成情况确定是否进一步提示，或者直接进行语言讲解干预。

③ 测算允许出现部分偏差，在讲评中重点讲解，分析测算偏差是怎样发生的，并提出如何提高测算准确性。

④ 提出风场概念，引导学员整体思考风场对各边的影响。

⑤ 强调记录表的规范填写，指出记录表填写水平即代表领航能力。

4. 训练讲评

① 对第四次训练情况进行总结讲评，对有普遍性、代表性的偏差或训练优点进行全员详细讲评。

② 指出第四次训练结束应达到的领航计算能力与领航程序空中实施能力的标准。

③ 提出下一次训练的重点与应提高的内容。

9.7.5 第五次航行

1. 训前准备

① 对前一次情况进行总结，提出第五次训练内容与目标。

② 进行五项计算，根据进度情况布置五项计算与领航计算机考核任务。

③ 布置领航程序考试任务。

④ 下达新航线任务（返航线），利用周末或不训练时间进行相关准备。

2. 训练内容

① 分组上机训练，每组 3～6 人，能见度为 3～4 km，进行三边航线训练。

② 提示航迹、时间观念，强化推测位置意识，严格按照先推测再搜辨的程序进行工作。

③ 引导学员按照航迹、时间、相关位置、自身特征的搜辨要领搜辨低能见度地标。

④ 巩固风场概念，在讲评中重复讲解。

⑤ 强调记录表的规范填写。

⑥ 讲解数据测算偏差的产生与提高。

3. 教学重点

① 低能见度条件下的教学，重点强调推测位置，根据学员工作情况适时提示其

按时间节点进行空中工作,提示航迹、时间观念,强化推测位置意识。

② 搜辨工作中,观察学员空中反应情况,根据学员掌握情况选择性提示,可以根据学员独立完成情况确定是否进一步提示,或者直接进行语言讲解干预。

③ 重复强化风场概念,在讲评数据时重点讲解。

④ 强调记录表的规范填写。

4. 训练讲评

① 对第五次训练情况进行总结讲评,对有普遍性、代表性的偏差或训练优点进行全员详细讲评。

② 提出下一次训练的重点与应提高的内容。

9.7.6 第六次航行

1. 训前准备

① 对前一次训练情况进行总结,提出第六次训练内容与目标。

② 组织领航计算第二次机考。

③ 检查返航线地图作业、记录表填写、领航计划、研究地图(手绘草图)、数据背诵等准备情况。

④ 讲解离角改航知识点,以及大偏航情况的判断与处置(可视情况在前后几天进行)。

2. 训练内容

① 分组上机训练,每组 3~6 人,调整能见度为 5~6 km,进行反航线三边航线训练。

② 进行强化航迹、时间观念、推测位置意识的教学。

③ 重复分析风场概念,在讲评中讲解。

④ 讲评不同角度进入观察地标的特点,强调推测位置与研究地标相关位置在搜辨中的重要性。

⑤ 检查记录表的规范填写。

3. 教学重点

① 反向第一次航行应调整能见度为 5~6 km(或更高),进行三边航线训练。

② 根据学员工作情况适时提示空中工作内容,重点提示航迹、时间观念,强化推测位置意识,观察学员空中工作情况,减少提示,可有意不提示使其造成偏差,甚至丢失检查点,可根据学员独立完成情况确定是否进一步提示,如果偏差过大无法继续则直接进行语言讲解干预,帮助其复航,完成后再讲评。

③ 讲评时使用设备回放展示搜辨地标过程,强化按时间节点工作和推测位置的重要性,提出相关位置的研究,讲解不同角度进入观察地标的特点,强调推测位置在搜辨地标中的重要性。

④ 讲解测算数据时强化风场概念。

⑤ 强调记录表的规范填写。

4. 训练讲评

① 对第六次训练情况进行总结讲评,对有普遍性、代表性的偏差或训练优点进行全员详细讲评。

② 提出下一次训练的重点与应提高的内容。

9.7.7　第七次航行

1. 训前准备

① 对前一次情况进行总结,提出第七次训练内容与目标。

② 组织领航程序考试。

2. 训练内容

① 分组上机训练,每组 3～6 人,调整能见度为 3～5 km,进行三边航线训练。

② 可视情况进行改风训练,改风原则:基本同向,夹角不超过 60°,风速不做改变。

③ 航迹把握、按时间节点做工作,强化推测位置意识。

④ 强化风场概念,建立测算数字与风场分析的联系,使其意识到数据与空中态势之间的关系,理解数据,掌握整体动态。

⑤ 强调记录表的规范填写。

3. 教学重点

① 低能见度条件训练,减少或杜绝学员盲目对外观察,引导学员根据仪表判读分析情况,推测位置,再根据推测位置确定当时工作内容。

② 把握时机进行以提示教学为主,语言干预为辅的训练过程,适时提示,根据学员反应可详细可简略,重点提示航迹分析,按时间节点做工作,强化推测位置意识。

③ 在讲评中让学员主动回忆三边所做工作:每边航迹情况,每边所测数据,如无法回忆应耐心引导,使其意识到数据与空中态势之间的关系,强化风场概念,理解数据,掌握整体动态。

4. 训练讲评

① 对第七次训练情况进行总结讲评,对有普遍性、代表性的偏差或训练优点进行全员详细讲评。

② 讲评程序考试情况。

③ 提出下一次训练的重点与应提高的内容。

9.7.8　第八次航行

1. 训前准备

① 对前一次情况进行总结,提出第八次训练内容与目标。

② 复习大偏差的判断与改航方法。

③ 带领学员研究航线,绘制详细航线草图。

2. 训练内容

① 分组上机训练,每组 3~6 人,调整能见度为 3~5 km,进行三边航线训练。

② 进行改风训练,改风原则:基本不同向,夹角应超过 60°,风速增大。

③ 第一边用航迹修正角改行,第二边(第三边)大角度改变空中风,造成大偏航后,利用离角改航等方法修正航迹。

④ 辅助地标应用教学。

3. 教学重点

① 能见度为 3~5 km,进行低能见度三边航线训练。

② 改风原则:基本不同向,夹角应超过 60°,风速增大,务必使其产生较大偏差,锻炼学员在低能见度情况下把握航迹和推测位置的能力,提高其搜索辨认的准确性。

③ 每一边都可设置大偏差,如学员不能适应,应先语言提示帮助,如仍不能胜任,可调整能见度至 6~8 km,使其复位后再实施教学。

④ 大角度改变空中风,造成大偏航后,可直接语言引导或者训后讲评,对利用临时检查点改航和离角改航二次修正等修正航迹的方法进行详细讲解。

⑤ 辅助地标应用,讲解显著地标的选取及如何研究地图。

4. 训练讲评

① 对第八次训练情况进行总结讲评,对有普遍性、代表性的偏差或训练优点进行全员详细讲评。

② 提出下一次训练的重点与应提高的内容。

9.7.9 第九次航行

1. 训前准备

① 对前一次情况进行总结,提出第九次训练内容与目标。

② 讲解无线电领航原理与使用方法,带领学员进行无线电领航数据准备与程序领航演练。

2. 训练内容

① 介绍无线电领航设备工作原理与应用。

② 无线电领航工作程序地面讲解与空中实施。

③ 介绍背台测偏流知识点。

④ 介绍双电台定位操作要领。

⑤ 介绍单电台侧方定位原理与应用方法。

⑥ 介绍向电台飞行相关知识。

⑦ 进入无线电方位线应用。

⑧ 强调记录表的规范填写。

3. 教学重点

① 介绍无线电领航设备工作原理与使用方法,讲解罗盘盒的使用、导航台的调谐方法、无线电指针的认读特点。

② 按空中工作程序在起飞前对各知识点进行梳理:

a. 背台测偏流知识点复习,给出例题进行计算;

b. 双电台定位操作要领,给出数据进行绘制;

c. 复习单电台,单电台侧方定位原理与应用方法,提问 45°与 90°方位线进入电台方位角角度;

d. 转弯点与检查点侧方进入无线电方位线的准备与应用;

e. 向电台飞行相关知识;

f. 无线电与目视领航程序安排;

g. 无线电领航的记录表填写特点。

4. 训练讲评

① 对第九次训练情况进行总结讲评,对有普遍性、代表性的偏差或训练优点进行全员详细讲评。

② 提出下一次训练的重点与应提高的内容。

9.7.10 航行考核

1. 下达考核任务

教员从考核课目、内容、方法、要求等方面下达训练任务。

2. 通报训练条件进行上机准备

① 教员通报本次训练的初始条件,主要是气象风向和气象风速。

② 学员计算各边应飞磁航向、偏流、地速、应飞时间。

③ 检查"地面领航准备"情况:教员通过提问、检查记录表等方式检查、记录学员领航准备情况。

④ 将应飞数据录入系统,开始考核。

3. 空中领航考核实施

航行(转场)模拟飞行考核以学员自主领航为主,教员在训练过程中不进行提示、讲解,通过观察、记录、提问等方式检查学员训练过程情况。

考核结束后,依据航行飞行课目评分标准,结合训练过程记录,评判学员领航记录表上的过程数据,对训练情况进行评分,作为学员的领航模拟训练考核成绩。

① 检查"辨认地标"情况,考核中,教员视情况提问学员视景地标名称、预定地标位置等,记录检查点、转弯点辨认情况。

② 检查"航行诸元测算"情况,包括"偏流、地速、应飞航向、风向、风速、预达时

刻",按照学员在领航记录表上记录的相应数据进行评分。

③ 检查"定位"情况,记录检查点、转弯点定位情况,按照定位偏差大小进行评分。

④ 检查"航迹偏差"情况,记录各边航迹情况,领航记录表上记录的航迹角与实际航迹比较进行评分。

⑤ 检查"设备使用"情况,记录学员考核过程中领航设备的使用情况并进行评分。

4. 总结讲评

教员指出考核中的共性问题并进行讲评,对个人进行针对性点评,结合考核情况,指出各位学员在演练过程中的不足之处和下一步的改进方向与措施。

第 10 章　领航技能考核评价

为贯彻新时代军事教育方针,落实立德树人、为战育人总要求,按照人才培养方案和课程考核工作管理相关要求,领航技能考核突出能力导向,提升考核挑战度,强化考核分析和结果运用。

10.1　领航技能考核原则

领航技能考核原则是制订量化标准、组织量化考评应该遵循的基本原则。合理的量化原则,是领航能力生成规律的客观反映,也是领航能力的外在表现。合理的量化原则有助于理解领航能力的特殊构成,制定较为完善的量化标准。

1. 定性定量相结合

定性定量相结合原则,体现了领航心算能力构成的针对性。在领航心算能力的构成中不单单有偏流、地速、应飞航向、预达时刻、偏航角、偏离角、风向风速等数据的计算,也有对航迹偏差、设备判读等的判断,这就要求在领航心算能力量化的制定上,要根据不同能力的侧重点来制定量化的标准,从而确保量化结果的合理性。

要贯彻定性定量相结合原则应该做到以下几点:一是准确地分析出不同领航心算能力的不同侧重点,要通过对领航心算能力在实际飞行中所起到的作用,以及这种能力是对飞行的精度有影响还是对飞行的根本结果有影响,来确定应该将其归为定性分析还是定量分析;二是制订出合理的量化指标,在分析出不同领航心算能力的不同侧重点之后,就要根据侧重点来制定出合理的量化指标,要力求量化的指标能够完整地反映出所量化的能力。

2. 量化内容要可测

量化内容要可测原则,体现了领航能力量化的根本要求。量化就是要在一系列错综复杂的能力之中,找出最根本、可测量的内容来进行评判。可测的量化内容既可以提供领航能力量化的依据,又可以为学员领航能力的培养提供具体思路,以此来提高学员的领航能力。

要做到量化内容可测原则要做到以下几点:一是分析出领航心算能力中哪一些是可计算的、有明确标准的,然后以此为基本量化指标。二是将领航能力进行合理的概括,将一些相似的、相近的、不好具体化的能力依照定性的方法进行量化指标制定。

3. 量化指标少而精

量化指标少而精的原则,体现了领航能力构成的复杂性。领航是确保飞行人员能够在飞行中准确地航行到预定地点的一种能力。它涉及多个方面的能力,既有地面准备时对数据的处理能力、领航资料收集准备能力、航行规划能力,也有空中实施阶段航迹判断能力、空中数据处理能力、特情处置能力。这就要求在制定量化指标时,要充分考虑不同能力的不同要求,制定出合理的量化指标。

要做到量化指标少而精原则要做好以下几点:一是对每一种领航能力都要进行合理的分析,分析每一种能力包含的具体能力,在这些具体能力中找出对领航工作影响最为重要的能力,将其作为关键的量化指标;二是对于领航具体能力,要分析出它对领航工作的完成有什么影响,将其中对领航结果影响最大的作为量化指标。

10.2　领航技能考核内容

紧贴实战需求和飞行员岗位任职能力标准,对领航能力进行细化分解,按照理论、技能、模拟、实装四个环节对领航能力进行训练和培养,同步开展能力考核。在检验领航基本知识、基本技能掌握情况的基础上,突出对综合领航能力、作战领航能力、领航问题学习研究能力的考核,强化考核过程的能力提升,综合考查学员对作战领航工作理解、分析、研究和总结的能力。考核内容包括形成性考核和终结性考核两部分。

1. 形成性考核

主要包括平时表现、地图作业技能、领航计算技能、领航准备能力、训练总结五个方面的平时成绩,占总成绩比重为 40%。

① 平时表现:考查学员的到课率、学习态度、学习积极性、课后自学情况。教员依据学员的到课次数、课堂表现、笔记记录、作业完成等情况评定成绩,占平时成绩的 10%。

② 地图作业技能:综合考查学员地图作业基本功,占平时成绩的 20%。地图作业技能考核以领航实施考核绘制的地图作业评判成绩为主。

③ 领航计算技能:利用领航基本计算训练与考核系统,综合考查学员对领航计算技能练习掌握情况,占平时成绩的 20%。在 CBT 教室利用领航计算技能训练与考核系统组织学员进行训练,并组织 3 次考核,考核时间平均分布,在训练间隙组织考核。

④ 领航准备能力:考核学员在领航模拟训练过程中对领航程序、航线数据、航线地标、航线规划、综合领航计算等能力的掌握程度,占平时成绩的 30%。具体包括准备航线地标简图、制定领航计划、综合领航计算 3 项能力考核内容,分别占比 30%、30%、40%。在领航模拟训练第 3 天进行"航线地标简图绘制"考核,考察学员研究航线能力;在领航模拟训练第 4 天进行"制定领航计划"考核,考察学员制定领航计划能力;在领航模拟训练第 5 天进行"综合领航计算"考核,考察学员沿航线平行的领航计算能力。

⑤ 训练总结:学员撰写领航技能训练和模拟训练体会报告,综合考查学员对空中领航理论和实施的理解与分析能力、空中领航整体把握能力,占平时成绩的 20%。

2. 终结性考核

采用理论和实践相结合的形式,考核成绩占总成绩比重为60%。

① 领航实施能力考核:考核学员领航综合技能掌握情况,利用领航模拟训练系统进行任务领航能力考核——"航行(转场)飞行",依据领航记录表、领航模拟训练记录等材料评定成绩。占终结性考核比重的40%。

② 领航理论知识考核:模拟训练后组织领航理论考核,成绩占终结性考核比重的60%。

按照《航空飞行与指挥专业人才培养方案》中明确的课程考核规定要求,"直升机空中领航"课程总评成绩80分以上(含)为及格。其中,终结性考核中的领航知识理论考核成绩低于80分的,课程总评成绩直接为不及格。

领航技能考核与领航课程"理论学习、技能训练、模拟训练、实装训练"递进式教学模式内容紧密融合,形成了一个完整的学员学习、训练的过程,既是对学习训练结果的检验,其全程融入的考核模式也是对学员的督促和提升。

10.3　领航技能考核标准

根据各类领航能力考核内容和考核方式,科学设计"领航计算技能、地图作业技能、领航准备能力(准备航线地标简图技能、制定领航计划技能、综合领航计算技能)、领航实施能力、领航问题研究能力"5个方面的考核内容和评分标准,确保能够对学员领航能力进行全面考核,确保学习、训练和考核内容完美对接,考得准、考得实,准确评判学员的领航能力成长状况,有效促进学员的领航能力生成。

1. 领航计算技能考核标准

在领航心算能力形成过程中,制定相应的技能考核方式和指标,根据成长变化情况及时进行客观评价。将定性分析和定量计算相结合,通过大数据技术对领航心算能力内容量化测算,通过实践应用检验,形成能力考核评价标准体系。领航技能考核内容和考核标准具体见表10-1。

表10-1　领航计算能力量化指标

量化指标(分数)	标　　准		
偏流 (15)	±2° 0	±3° −7	±4° −10
地速 (15)	±10 km/h 0	±15 km/h −7	±20 km/h −10
应飞航向 (15)	±2° 0	±4° −7	±6° −10

续表 10－1

量化指标(分数)	标　准		
风向	±20°	±30°	±40°
(15)	0	−7	−10
风速	±5 km/h	±10 km/h	±15 km/h
(15)	0	−7	−10
预达时刻	±1 min	±1 min 30 s	±2 min
(15)	0	−7	−10
准时到达	±30 s	±1 min	±130 s
(10)	0	−2	−4

领航计算技能考核内容与标准见表 10－2。

表 10－2　领航计算技能考核内容与标准

计算类型	第一次考试			第二次考试			第三次考试		
	题型	题数	时间	题型	题数	时间	题型	题数	时间
航向换算	√	8	13 s	√	6	11 s	√	6	9 s
速度计算	√			√	6	35 s	√	6	30 s
高度计算	×			√	6	35 s	√	6	30 s
V、t、S 换算	√	8	25 s	√	6	20 s	√	6	15 s
航行风换算	√	8	20 s	√	6	15 s	√	6	10 s
航迹角偏流换算	√	8	10 s	√	6	8 s	√	6	5 s
偏流求应飞航向	√	8	10 s	√	6	8 s	√	6	5 s
爬高求地速	×			√	6	60 s	√	6	40 s
气象风求应飞数据	√	6	60 s	√	7	50 s	√	6	40 s
偏流、地速求风	√	6	50 s	√	7	40 s	√	6	30 s
求风预计资料	√	6	150 s	√	7	120 s	√	6	100 s
计算水平距离	×			√	7	40 s	√	6	30 s
按偏离角改航	√	6	70 s	√	7	50 s	√	6	30 s
按修正角改航	√	6	100 s	√	7	75 s	√	6	50 s
无线电数据换算	×			×			√	6	10 s
向台计算偏离角	×			×			√	6	5 s
背台修正航迹	×			×			√	6	100 s
总计时间	53 min 24 s			56 min 12 s			53 min 54 s		

2．地图作业技能考核标准

按照百分制评分，具体如下：

① 标记规范(共 10 分，每项 5 分，按照规范程度判 1～5 分)

位置和颜色：位置正确、数据不重叠；圆圈、磁差、CHX、导航台为红色，其他统一为黑色或蓝色。

大小和字体：8～10 mm，书写紧凑，时间分化 4～5 mm；字体为仿宋 GB2312，示例 0123456789。

② 作业速度 10 分：20 min 以内得 10 分，25 min 以内得 8 分，30 min 以内得 6 分，35 min 以内得 4 分，40 min 以内得 2 分。

③ 磁差 5 分：±1°误差。

④ 最高标高 5 分：方框中心未对正位置点不得分。

⑤ 磁航线角 15 分：±1°误差，每个 5 分。

⑥ 航线距离 10 分：±1 km 误差，错一个扣 2 分。

⑦ 飞行时间 10 分：±20 s 误差，错一个扣 2 分。

⑧ 时间分化 5 分。

⑨ 修正角系数 15 分：±0.2°误差，每个 5 分。

⑩ 预定方位角 15 分：±1°误差，每个角度 5 分，方位线位置不在航线上扣 5 分。

3．领航计划技能考核标准

按照百分制评分：

① 要素齐全 70 分：进入航线、计算 JD 预达、检查航迹、搜索辨认 JD、地标定位、修正航迹、实测地速、计算 WD 预达、实测偏流、求实测风、计算下一边应飞数据、起飞返航工作、特情处置预案、关键数据地标等 14 项关键要素，缺少 1 项扣 5 分。

② 针对性强 20 分：能够结合具体任务和航线研究情况，具体设置各项空中工作。

③ 清晰规范 10 分：字迹工整清晰，各项工作标记位置准确。

4．领航实施技能考核标准

领航实施技能考核标准见表 10 - 3。

表 10 - 3 领航实施技能考核标准

项 目 / 分 数			5 分	4 分	3 分
测算航行诸元	偏 流		±2°以内	±3°以内	±4°以内
	地 速		±5 km/h 以内	±10 km/h 以内	±15 km/h 以内
	应飞航向		±2°以内	±4°以内	±6°以内
	求 风	风 向	±20°以内	±30°以内	±40°以内
		风 速	±5 km/h 以内	±10 km/h 以内	±15 km/h 以内
	进入预定方位线（方位角差值）		2°以内	3°以内	4°以内
	预达时刻	简单气象	±1 min 以内	±1 min 30 s 以内	±2 min 以内
		复杂气象	±2 min 以内	±3 min 以内	±4 min 以内
辨认地标			能辨认所有检查点、转弯点	认错一个检查点	认错两个检查点
航迹偏差	简单气象		±3%以内	±6%以内	±8%以内
	复杂气象		±5%以内	±10%以内	±15%以内
定 位	无线电或推测定位		误差 5%	误差 10%	误差 15%
	目测地标		误差 1 km 以内	误差 2 km 以内	误差 3 km 以内
空中地图作业			迅速、准确画出航迹	较迅速,有少量误差	较慢,误差较大
准时到达	简单气象		±30 s 以内	±1 min 以内	±1 min 30 s 以内
	复杂气象		±1 min 以内	±2 min 以内	±3 min 以内
领航记录表填写			清晰无遗漏	不够清晰或遗漏个别次要项目	不够清晰或遗漏项目较多
备 注			1. 航迹偏差:是该段航线距离的百分比。 2. 无线电定位:是直升机至电台实际距离的百分比。 3. 简单气象条件下准时到达,不允许在距离目标 10 km 以内调速		

第 11 章 领航计算题

11.1 基本数据计算

11.1.1 航向换算

航向换算见表 11-1。

表 11-1 航向换算

序　号	LX	ΔL	CX	ΔC	ZX
1	150	-10		0	
2		3		5	125
3	70	10			88
4	81	7		-7	
5		-5		-6	288
6	270	-8		-7	
7	226	-2			223
8	317	13		9	
9	52	-4			41
10	346	-8		0	
11		-2		0	55
12		1		-3	359
13	150	13			101
14	90		77	-7	
15	309		323		323
16	263		270	1	
17	185	9			199
18		1		7	129
19	133		136	6	
20	42		37	-8	
21	298	-10		-2	
22	156	9		-2	
23	252	-12		5	
24	188		190	-7	
25	36	-5			38

11.1.2 高度计算

高度计算见表 11 - 2。

表 11 - 2 高度计算

序 号	$H_{标表}$	$\Delta H_{表}$	$H_{标修}$	t_H	$H_{标压}$
1	2 300	21		−16	
2	2 500	−21		−12	
3	3 400	−20		−11	
4	2 700	−21		−24	
5	3 400	14		−11	
6	1 400	16		1	
7	2 200	38		0	
8	400	16		−18	
9	400	−4		15	
10	1 500	−2		−5	
11	2 400	−38		6	
12	500	25		−2	
13	1 100	21		−3	
14	2 100	23		−5	
15	700	−14		−21	
16	800	18		−10	
17	2 100	−29		−18	
18	3 800	39		−4	
19	3 500	−17		10	
20	3 600	−38		14	
21	3 000	−20		−9	
22	2 400	−13		−23	
23	3 300	16		24	
24	3 100	−20		0	
25	900	−9		12	

11.1.3 速度计算

速度计算见表 11 - 3。

表 11 - 3 速度计算

序 号	$V_表$	$\Delta V_表$	$V_修$	$H_{标压}$	t_H	$V_真$
1		0		700	23	204
2	192	14		2 200	−17	
3	186	4		1 500	20	
4		−4		4 200	−19	190
5	224	−14		3 200	3	
6	292	13		3 800	−24	
7	242	−12		3 300	−3	
8		−10		2 200	−5	215
9	101	10		2 900	0	
10	130	10		3 000	0	
11	209	−12		900	−11	
12	278	8		4 200	−18	
13		−2		1 800	−21	197
14	150	−3		2 000	−4	
15		11		2 600	14	170
16		6		1 700	−16	176
17		−1		3 700	−7	275
18	137	3		2 100	9	
19		1		4 100	−19	149
20	188	−7		2 600	−21	
21		9		4 100	14	170
22		7		2 300	−14	288
23		−3		2 200	−20	168
24	221	2		2 000	7	
25		−1		3 200	0	176

11.1.4　速度、距离、时间换算

速度、距离、时间换算见表 11-4。

表 11-4　速度、距离、时间换算

序　号	W	S	t
1		37	[13 min 10 s]
2	291	47	
3	304		[19 min 31 s]
4	131	10	
5	281	55	
6		41	[17 min 49 s]
7	147	40	
8	144		[11 min 4 s]
9	329		[12 min 5 s]
10		57	[24 min 16 s]
11	319	80	
12	223		[22 min 6 s]
13	239		[9 min 49 s]
14		28	[6 min 42 s]
15	135	66	
16		73	[15 min 56 s]
17	174		[14 min 34 s]
18	281	52	
19	249	108	
20		34	[9 min 25 s]
21		125	[27 min 59 s]
22	252		[14 min 9 s]
23	305		[15 min 1 s]
24	307	125	
25	241		[4 min 39 s]

11.1.5 爬高求地速

爬高求地速见表 11-5。

表 11-5 爬高求地速

序号	T_{QD}	$V_{上真}$	$T_{平飞}$	$t_上$	$V_{平真}$	ΔS	T_{JD}	t_{JD}	S	W
1	18:09	213	18:13		269		18:20		39	
2	22:24	155	22:39		224		22:57		110	
3	14:00	106	14:13		164		14:19		24	
4	03:35	197	03:42		252		04:03		112	
5	12:12	232	12:26		288		12:35		92	
6	19:00	104	19:12		163		19:35		117	
7	01:49	129	01:55		195		02:05		50	
8	17:21	236	17:31		291		17:58		149	
9	02:48	215	03:03		290		03:12		119	
10	14:11	186	14:20		237		14:38		103	
11	19:02	107	19:13		160		19:22		43	
12	10:14	146	10:21		203		10:42		73	
13	17:36	209	17:51		260		18:02		105	
14	13:08	191	13:17		245		13:29		88	
15	11:58	207	12:08		274		12:24		125	
16	23:18	192	23:26		270		23:45		88	
17	16:21	144	16:30		210		16:59		120	
18	17:51	228	18:08		286		18:37		178	
19	00:56	243	00:57		318		01:21		138	
20	03:05	101	03:19		180		03:47		68	
21	13:28	192	13:39		248		14:05		114	
22	15:57	145	15:58		218		16:15		71	
23	12:26	216	12:34		291		12:45		96	
24	04:22	106	04:28		156		04:49		88	
25	04:04	211	04:06		266		04:27		106	

11.1.6 转弯诸元计算

转弯诸元计算见表 11-6。

表 11-6 转弯诸元计算

序 号	V	γ	ZW	t_{ZW}	R	S_{ZW}
1	208	35	177			
2	181	45	143			
3	138	15	98			
4	165	10	96			
5	322	20	68			
6	197	20	76			
7	349	25	59			
8	258	15	89			
9	235	40	103			
10	211	25	134			
11	202	20	90			
12	301	30	165			
13	260	30	151			
14	264	25	104			
15	221	10	43			
16	296	20	65			
17	282	35	150			
18	266	40	90			
19	149	30	112			
20	244	40	153			
21	165	15	140			
22	164	30	158			
23	189	15	168			
24	282	20	35			
25	131	20	176			

11.1.7　下滑计算

下滑计算见表 11 - 7。

表 11 - 7　下滑计算

序　号	$H_{标压}$	$h_{机}$	$H_{场}$（进场）	$V_{垂}$	$t_{降}$
1	3 350	440	210	10.0	
2	3 270	1 860	1 030	2.0	
3	2 620	630	140	1.5	
4	5 080	2 110	210	10.5	
5	3 240	1 520	650	2.0	
6	2 210	1 490	490	10.0	
7	4 640	920	800	1.5	
8	3 880	1 670	500	2.0	
9	4 510	930	1 100	10.5	
10	4 760	1 780	160		15 min 40 s
11	3 650	1 870	890		9 min 53 s
12	4 230	1 250	330		12 min 37 s
13	4 260	1 240	1 050		9 min 22 s
14	4 110	1 230	1 140	2.0	
15	2 660	1 270	930	10.5	
16	5 400	2 060	630		12 min 54 s
17	1 950	290	170		8 min 16 s
18	2 750	480	630	1.5	
19	1 700	750	390	2.0	
20	1 850	1 050	360		2 min 26 s
21	2 290	490	470	1.5	
22	2 180	1 180	690	2.0	
23	5 080	1 550	970	2.0	
24	2 530	1 200	890	2.0	
25	4 590	2 020	520		17 min 5 s

11.2 求风计算

11.2.1 风角计算

风角计算见表 11 - 8。

表 11 - 8　风角计算

序 号	CFX航	CHJ	FJ
1	99	279	
2	119	217	
3	212	265	
4	226	17	
5	202	57	
6	102	6	
7	133	189	
8	247	279	
9	121	25	
10	151	1	
11	1	51	
12	113	274	
13	96	258	
14	282	350	
15	286	75	
16	122	6	
17	359	89	
18	282	244	
19	78	218	
20	39	74	
21	198	307	
22	151	278	
23	287	333	
24	346	135	
25	285	217	

11.2.2 已知气象风求偏流、地速、应飞航向

已知气象风求偏流、地速、应飞航向见表 11-9。

表 11-9 已知气象风求偏流、地速、应飞航向

序 号	$ZFX_气$	ΔC	$CFX_航$	$U_气$	$U_航$	$V_真$	CHX	W	PL	$CX_应$
1	170	−6		6		347	221			
2	294	0		13		183	131			
3	10	3		1		309	183			
4	153	−3		0		201	265			
5	119	−9		7		308	245			
6	6	6		12		157	229			
7	245	−5		9		263	345			
8	191	−7		9		242	96			
9	241	4		5		302	45			
10	301	3		5		270	225			
11	142	4		9		292	159			
12	209	4		15		120	62			
13	296	−7		14		176	180			
14	354	0		12		199	51			
15	51	−2		11		174	71			
16	230	6		3		322	23			
17	349	−3		8		156	301			
18	199	7		8		186	264			
19	300	−9		14		255	42			
20	237	2		0		261	332			
21	75	3		6		299	318			
22	47	2		5		306	81			
23	119	−6		3		322	113			
24	289	−8		10		315	240			
25	202	0		11		139	317			

11.2.3 已知偏流、地速,求风

已知偏流、地速,求风见表 11 - 10。

表 11 - 10 已知偏流、地速,求风

序 号	CX	$V_{真}$	W	PL	$CFX_{航}$	$U_{航}$
1	307	338	346	−2		
2	121	280	325	−4		
3	44	318	318	−5		
4	153	129	127	+3		
5	137	281	337	−9		
6	66	204	229	+14		
7	214	290	291	−10		
8	139	139	140	+12		
9	280	136	139	0		
10	305	234	279	0		
11	267	229	211	+2		
12	61	122	114	+7		
13	274	296	321	+12		
14	117	314	279	0		
15	189	185	198	+13		
16	342	212	234	−2		
17	135	261	295	−7		
18	222	320	308	+14		
19	40	312	311	+8		
20	276	345	359	−9		
21	175	285	258	+6		
22	303	236	227	−3		
23	265	252	290	−6		
24	333	324	345	+10		
25	294	304	304	+3		

11.2.4 求风预计资料

求风预计资料见表 11-11。

表 11-11 求风预计资料

序　号	$V_{真}$	$CX_{均}$	PL	t	S	W	$CFX_{航}$	$U_{航}$	CHX	PL	W	$CX_{应}$
1	144	23	−3	28 min 0 s	55				54			
2	157	297	+3	13 min 40 s	25				274			
3	344	282	−13	19 min 30 s	105				328			
4	327	217	−8	23 min 0 s	141				13			
5	273	17	−9	30 min 10 s	166				159			
6	194	74	+4	6 min 40 s	25				41			
7	245	132	−4	11 min 50 s	39				247			
8	233	344	+8	17 min 0 s	56				352			
9	285	128	−6	30 min 30 s	159				236			
10	183	136	0	29 min 50 s	63				55			
11	210	53	+14	22 min 40 s	84				112			
12	301	111	−7	24 min 30 s s	124				352			
13	338	132	−10	19 min 10 s	107				189			
14	191	184	−2	28 min 40 s	118				298			
15	221	231	−5	29 min 10 s	130				79			
16	288	194	−11	12 min 10 s	65				14			
17	346	24	−10	7 min 10 s	37				110			
18	249	36	−12	13 min 20 s	60				229			
19	296	86	+13	6 min 30 s	37				83			
20	266	233	−11	12 min 30 s	47				233			
21	315	17	−1	9 min 0 s	54				76			
22	298	75	+12	12 min 50 s	72				196			
23	345	196	+14	28 min 40 s	152				171			
24	283	223	+1	7 min 0 s	32				20			
25	324	108	−14	11 min 0 s	56				115			

11.3　改航计算

11.3.1　用垂直观测角求水平距离

用垂直观测角求水平距离见表 11 - 12。

表 11 - 12　用垂直观测角求水平距离

序　号	$H_{标压}$	h	$H_{真}$	ZG	$S_{水平}$
1	4 700	2 230		28	
2	2 400	230		51	
3	4 400	2 520		39	
4	2 500	1 270		51	
5	4 700	2 460		25	
6	5 200	3 010		34	
7	2 100	540		26	
8	1 700	180		48	
9	3 100	2 130		43	
10	3 000	1 230		76	
11	3 800	2 970		74	
12	4 400	2 510		81	
13	1 800	1 190		32	
14	4 000	3 190		79	
15	1 100	100		79	
16	3 700	2 360		68	
17	1 400	370		64	
18	1 600	330		42	
19	2 500	670		63	
20	1 400	660		42	
21	1 200	740		42	
22	4 300	2 140		57	
23	800	230		52	
24	2 400	1 250		43	
25	4 300	2 180		65	

11.3.2 按航迹修正角改航(偏航角、偏离角系数)

按航迹修正角改航(偏航角、偏离角系数)见表 11-13。

表 11-13 按航迹修正角改航(偏航角、偏离角系数)

序 号	$S_{偏QD}$	$S_{已}$	$S_{未}$	CHX	$CX_{均}$	$S_{偏JD}$	K_{PH}	K_{LJ}	PH	LJ	XZ	$CX_{应}$	CHJ	PL
1	0	69	77	316	315	−2								
2	3	142	153	252	255	1								
3	7	135	148	278	278	1								
4	0	51	57	309	301	−4								
5	−5	144	142	110	106	3								
6	5	63	58	189	195	−6								
7	−1	60	60	15	6	−2								
8	5	147	167	196	199	0								
9	−8	146	162	117	115	6								
10	−8	47	45	132	130	−7								
11	−4	148	153	152	158	3								
12	1	119	99	202	202	1								
13	0	100	90	336	336	2								
14	6	79	69	130	122	−5								
15	−2	147	147	315	306	−8								
16	0	51	45	3	0	−4								
17	1	140	164	356	4	1								
18	4	121	116	100	97	0								
19	2	68	67	264	257	6								
20	7	77	91	117	122	3								
21	2	60	62	1	11	−7								
22	−4	132	109	312	322	7								
23	−7	52	50	234	233	−5								
24	0	126	124	171	179	7								
25	−1	61	64	19	24	1								

11.3.3 按航迹修正角改航(60°)

按航迹修正角改航(60°)见表 11 - 14。

表 11 - 14 按航迹修正角改航(60°)

序 号	$S_{偏QD}$	$S_已$	$S_未$	CHX	$CX_均$	$S_{偏JD}$	PH	LJ	XZ	$CX_应$	CHJ	PL
1	−3	117	132	163	159	−3						
2	2	114	114	154	153	1						
3	0	108	120	171	163	0						
4	3	66	64	204	208	−5						
5	1	103	89	217	224	0						
6	2	46	37	26	28	−1						
7	6	54	50	205	199	−8						
8	2	81	86	226	228	−5						
9	5	125	115	156	147	−2						
10	−1	44	49	276	279	6						
11	0	78	71	264	268	0						
12	−3	119	117	27	23	4						
13	6	36	35	91	94	3						
14	−2	124	114	211	202	−6						
15	−2	30	26	39	44	−3						
16	5	111	99	153	149	−7						
17	−5	134	125	80	82	5						
18	2	37	34	337	329	0						
19	−1	80	72	159	158	−6						
20	5	75	74	142	140	0						
21	3	46	53	338	338	2						
22	2	78	69	310	308	2						
23	0	117	111	124	121	1						
24	1	133	150	113	117	5						
25	−6	25	27	158	158	1						

11.3.4 按偏离角改航(偏离角系数)

按偏离角改航(偏离角系数)见表 11-15。

表 11-15 按偏离角改航(偏离角系数)

序 号	CHX	$S_{偏JD}$	$S_{未}$	PL	K_{LJ}	LJ	CHX$_新$	CX$_应$
1	217	5	125	7				
2	102	7	94	−8				
3	75	−7	53	−4				
4	288	4	136	0				
5	158	9	45	4				
6	125	−3	71	−4				
7	194	4	40	6				
8	67	1	28	−11				
9	316	−7	33	3				
10	24	9	85	−14				
11	156	8	51	−10				
12	315	−4	82	−6				
13	96	−10	110	−4				
14	169	−1	133	7				
15	260	−9	67	−5				
16	49	−1	108	−3				
17	240	−3	143	8				
18	272	−8	48	−15				
19	189	−5	113	4				
20	198	2	122	10				
21	108	9	111	−1				
22	248	0	99	4				
23	175	−7	95	−10				
24	86	2	30	14				
25	56	−2	130	11				

11.3.5 按偏离角改航(60°)

按偏离角改航(60°)见表 11－16。

表 11－16 按偏离角改航(60°)

序 号	CHX	$S_{偏JD}$	$S_未$	PL	LJ	$CHX_新$	$CX_应$
1	29	－2	33	－5			
2	56	－1	68	－10			
3	256	－5	118	－3			
4	79	5	77	0			
5	19	2	33	13			
6	69	－1	28	10			
7	153	－8	126	8			
8	4	2	89	4			
9	168	0	92	0			
10	65	4	146	－5			
11	255	－1	86	6			
12	132	－5	80	13			
13	6	2	132	－4			
14	351	1	108	11			
15	100	4	71	－7			
16	35	8	69	－6			
17	222	8	81	－5			
18	101	8	67	－3			
19	283	－5	70	－5			
20	125	－6	101	7			
21	104	6	58	1			
22	208	－3	127	2			
23	72	10	46	－2			
24	7	－5	27	－13			
25	21	9	87	5			

11.4 无线电领航计算

11.4.1 基本角度换算

基本角度换算见表 11 - 17。

表 11 - 17 基本角度换算

序 号	CX	DXF	CDF	CFF
1	249	163		
2	115		248	
3	2			84
4	349			165
5	68			72
6	79		173	
7	111	305		
8	225	79		
9	70			39
10	231			143
11	349		222	
12	310	185		
13		181		308
14	55			120
15	232	250		
16	343	344		
17	342	287		
18		29		146
19	113			23
20	245			173
21	91		177	
22	275	154		
23		177		67
24	330		259	
25	251	16		

11.4.2　按 180°出航求电台方位角

按 180°出航求电台方位角见表 11 - 18。

表 11 - 18　按 180°出航求电台方位角

序　号	CX$_起$	CHX	CX$_反$	ZW	α	CDF$_预$
1	52	238				
2	334	65				
3	169	28				
4	160	341				
5	296	93				
6	167	23				
7	286	115				
8	151	277				
9	279	35				
10	199	62				
11	225	346				
12	191	1				
13	86	324				
14	150	247				
15	304	206				
16	228	111				
17	212	3				
18	199	13				
19	30	158				
20	108	238				
21	97	351				
22	313	168				
23	326	119				
24	207	326				
25	325	179				

11.4.3　向台求偏离角

向台求偏离角见表11-19。

表 11-19　向台求偏离角

序　号	CHX原	CDF	PL
1	193	169	
2	103	268	
3	286	344	
4	292	73	
5	194	313	
6	259	142	
7	182	358	
8	308	230	
9	55	212	
10	348	321	
11	137	222	
12	38	226	
13	25	293	
14	119	252	
15	247	81	
16	158	44	
17	136	240	
18	123	75	
19	239	136	
20	116	75	
21	118	149	
22	90	349	
23	226	45	
24	343	142	
25	311	315	

11.4.4　背台求偏流、修正航迹

背台求偏流、修正航迹见表 11-20。

表 11-20　背台求偏流、修正航迹

序　号	CFF	CHX	CX$_均$	PL$_测$	S$_{偏QD}$	S$_已$	S$_未$	ΔHJ	PL$_实$	S$_{偏JD}$	PH	LJ	XZ	CX$_应$
1	110	117	113		−4	84	80							
2	264	261	252		−2	110	116							
3	131	124	117		−3	114	114							
4	105	119	119		−1	42	38							
5	232	224	230		−1	148	163							
6	138	149	149		−4	72	69							
7	69	76	77		0	51	50							
8	33	27	20		−3	54	47							
9	244	257	266		2	93	76							
10	117	120	128		3	21	23							
11	205	195	187		−1	18	18							
12	142	136	144		−1	145	153							
13	128	115	116		−5	101	110							
14	255	268	268		0	36	29							
15	333	346	349		−4	52	43							
16	208	223	226		−5	96	78							
17	209	224	226		1	95	88							
18	3	356	2		4	101	82							
19	152	138	136		5	146	127							
20	86	96	102		1	136	109							
21	352	341	332		3	47	53							
22	295	289	289		−1	53	51							
23	30	27	17		3	108	108							
24	204	216	208		−1	31	32							
25	21	21	13		−5	68	72							

11.4.5　45°截距法定位

45°截距法定位见表 11-21。

表 11-21　45°截距法定位

序　号	S	W	t	S'	$S_{偏}$
1	19	235	3 min 49 s		
2	48	239	12 min 33 s		
3	13	282	1 min 29 s		
4	−27	258	6 min 16 s		
5	−51	347	7 min 57 s		
6	−58	342	9 min 7 s		
7	1	246	0 min 0 s		
8	−18	312	4 min 25 s		
9	−14	166	2 min 10 s		
10	−22	133	10 min 22 s		
11	51	211	16 min 12 s		
12	−4	287	0 min 25 s		
13	−49	279	9 min 53 s		
14	−34	121	19 min 50 s		
15	−33	201	11 min 20 s		
16	22	328	4 min 34 s		
17	−50	240	10 min 30 s		
18	−27	159	12 min 27 s		
19	−50	138	19 min 7 s		
20	−50	342	8 min 46 s		
21	16	152	6 min 18 s		
22	33	282	6 min 35 s		
23	21	249	4 min 5 s		
24	−23	234	6 min 9 s		
25	−47	295	8 min 44 s		

11.5　准时到达计算

11.5.1　按应飞地速调整速度

按应飞地速调整速度见表 11-22。

表 11-22　按应飞地速调整速度

序　号	T_{JD1}	S_1	T_{JD2}	$V_{表原}$	W	S_2	$T_{目标}$	$W_{应}$	ΔW	$V_{表应}$
1	20:24:57	59	20:43:00	196		36	20:54:25			
2	13:29:23	78	13:47:52	253		70	14:03:35			
3	13:53:35	95	14:12:38	299		86	14:31:27			
4	00:19:09	33	00:28:04	222		45	00:41:14			
5	03:11:50	60	03:23:59	296		81	03:40:55			
6	06:30:30	83	06:56:02	195		54	07:14:02			
7	09:02:15	76	09:24:56	201		95	09:50:50			
8	19:47:13	57	20:02:33	223		60	20:19:13			
9	22:21:49	46	22:35:45	198		41	22:48:58			
10	18:54:16	84	19:11:28	293		74	19:26:16			
11	02:13:26	59	02:35:25	161		41	02:49:48			
12	19:04:37	77	19:25:54	217		76	19:49:09			
13	15:30:02	47	15:43:39	207		65	16:04:17			
14	13:46:22	85	14:13:29	188		47	14:28:01			
15	08:24:24	77	08:44:39	228		64	09:01:33			
16	23:01:07	87	23:21:30	256		48	23:32:47			
17	00:40:49	44	00:51:30	247		97	01:13:12			
18	07:42:01	71	08:08:38	160		31	08:18:58			
19	10:36:51	84	10:54:58	278		82	11:13:11			
20	20:08:04	36	20:19:40	186		79	20:43:07			
21	15:56:06	82	16:16:56	236		97	16:39:24			
22	02:23:12	37	02:33:49	209		41	02:47:19			
23	16:13:05	30	16:21:39	210		52	16:36:05			
24	20:39:06	61	20:54:48	233		78	21:12:52			
25	04:27:51	78	04:44:30	281		73	05:01:48			

11.5.2 按预定速度修正量调整速度

按预定速度修正量调整速度见表 11 - 23。

表 11 - 23 按预定速度修正量调整速度

序 号	$W_原$	ΔW	Δt	$t_调$
1	296	35	5 min	
2	234	58	4 min	
3	222	36	10 min	
4	202	60	3 min	
5	157	57	11 min	
6	249	62	3 min	
7	181	14	3 min	
8	133	10	5 min	
9	123	40	8 min	
10	246	53	6 min	
11	251	70	9 min	
12	114	52	5 min	
13	159	55	5 min	
14	164	68	6 min	
15	129	45	8 min	
16	147	32	2 min	
17	191	25	4 min	
18	130	59	5 min	
19	290	53	5 min	
20	139	14	10 min	
21	153	61	2 min	
22	253	68	5 min	
23	114	72	4 min	
24	296	56	2 min	
25	147	44	7 min	

11.5.3 在预定飞行时间内调速

在预定飞行时间内调速见表11-24。

表 11-24 在预定飞行时间内调速

序 号	$V_{表}$	t	Δt	$\Delta V_{表}$
1	234	15 s	4 s	
2	196	24 s	1 s	
3	134	43 s	4 s	
4	298	58 s	11 s	
5	275	53 s	7 s	
6	244	14 s	11 s	
7	157	50 s	11 s	
8	282	58 s	9 s	
9	337	38 s	2 s	
10	293	20 s	2 s	
11	248	26 s	7 s	
12	245	56 s	13 s	
13	277	52 s	4 s	
14	280	40 s	2 s	
15	124	23 s	12 s	
16	324	39 s	11 s	
17	233	46 s	9 s	
18	127	43 s	1 s	
19	248	58 s	1 s	
20	321	34 s	2 s	
21	146	49 s	5 s	
22	228	48 s	10 s	
23	340	42 s	1 s	
24	325	50 s	10 s	
25	316	39 s	10 s	

第12章　领航计算题答案

12.1　基本数据计算

12.1.1　航向换算

航向换算见表12-1。

表 12 – 1　航向换算

序　号	LX	ΔL	CX	ΔC	ZX
1	150	−10	[140]	0	[140]
2	[117]	3	[120]	5	125
3	70	10	[80]	[8]	88
4	81	7	[88]	−7	[81]
5	[299]	−5	[294]	−6	288
6	270	−8	[262]	−7	[255]
7	226	−2	[224]	[−1]	223
8	317	13	[330]	9	[339]
9	52	−4	[48]	[−7]	41
10	346	−8	[338]	0	[338]
11	[57]	−2	[55]	0	55
12	[1]	1	[2]	−3	359
13	150	13	[163]	[−2]	161
14	90	[−13]	77	−7	[70]
15	309	[14]	323	[0]	323
16	263	[7]	270	1	[271]
17	185	9	[194]	[5]	199
18	[121]	1	[122]	7	129
19	133	[3]	136	6	[142]
20	42	[−5]	37	−8	[29]
21	298	−10	[288]	−2	[286]
22	156	9	[165]	−2	[163]
23	252	−12	[240]	5	[245]
24	188	[2]	190	−7	[183]
25	36	−5	[31]	[7]	38

12.1.2 高度计算

高度计算见表 12 - 2。

表 12 - 2 高度计算

序 号	$H_{标表}$	$\Delta H_{表}$	$H_{标修}$	t_H	$H_{标压}$
1	2 300	21	[2 321]	−16	[2 185]
2	2 500	−21	[2 479]	−12	[2 379]
3	3 400	−20	[3 380]	−11	[3 329]
4	2 700	−21	[2 679]	−24	[2 465]
5	3 400	14	[3 414]	−11	[3 365]
6	1 400	16	[1 416]	1	[1 391]
7	2 200	38	[2 238]	0	[2 234]
8	400	16	[416]	−18	[371]
9	400	−4	[396]	15	[399]
10	1 500	−2	[1 498]	−5	[1 442]
11	2 400	−38	[2 362]	6	[2 417]
12	500	25	[525]	−2	[499]
13	1 100	21	[1 121]	−3	[1 078]
14	2 100	23	[2 123]	−5	[2 075]
15	700	−14	[686]	−21	[609]
16	800	18	[818]	−10	[761]
17	2 100	−29	[2 071]	−18	[1 923]
18	3 800	39	[3 839]	−4	[3 926]
19	3 500	−17	[3 483]	10	[3 714]
20	3 600	−38	[3 562]	14	[3 860]
21	3 000	−20	[2 980]	−9	[2 928]
22	2 400	−13	[2 387]	−23	[2 190]
23	3 300	16	[3 316]	24	[3 696]
24	3 100	−20	[3 080]	0	[3 138]
25	900	−9	[891]	12	[899]

12.1.3　速度计算

速度计算见表 12 - 3。

表 12 - 3　速度计算

序　号	$V_表$	$\Delta V_表$	$V_修$	$H_{标压}$	t_H	$V_真$
1	[193]	0	[193]	700	23	204
2	192	14	[206]	2 200	-17	[222]
3	186	4	[190]	1 500	20	[209]
4	[160]	-4	[156]	4 200	-19	190
5	224	-14	[210]	3 200	3	[250]
6	292	13	[305]	3 800	-24	[359]
7	242	-12	[230]	3 300	-3	[273]
8	[205]	-10	[195]	2 200	-5	215
9	101	10	[111]	2 900	0	[129]
10	130	10	[140]	3 000	0	[163]
11	209	-12	[197]	900	-11	[198]
12	278	8	[286]	4 200	-18	[349]
13	[191]	-2	[189]	1 800	-21	197
14	150	-3	[147]	2 000	-4	[160]
15	[135]	11	[146]	2 600	14	170
16	[163]	6	[169]	1 700	-16	176
17	[229]	-1	[228]	3 700	-7	275
18	137	3	[140]	2 100	9	[157]
19	[122]	1	[123]	4 100	-19	149
20	188	-7	[181]	2 600	-21	[198]
21	[123]	9	[132]	4 100	14	170
22	[257]	7	[264]	2 300	-14	288
23	[160]	-3	[157]	2 200	-20	168
24	221	2	[223]	2 000	7	[248]
25	[150]	-1	[149]	3 200	0	176

12.1.4　速度、距离、时间换算

速度、距离、时间换算见表12－4。

表 12－4　速度、距离、时间换算

序　号	W	S	t
1	[170]	37	[13 min 10 s]
2	291	47	[9 min 46 s]
3	304	[98]	[19 min 31 s]
4	131	10	[4 min 35 s]
5	281	55	[11 min 57 s]
6	[141]	41	[17 min 49 s]
7	147	40	[16 min 41 s]
8	144	[26]	[11 min 4 s]
9	329	[66]	[12 min 5 s]
10	[143]	57	[24 min 16 s]
11	319	80	[15 min 8 s]
12	223	[82]	[22 min 6 s]
13	239	[39]	[9 min 49 s]
14	[254]	28	[6 min 42 s]
15	135	66	[29 min 25 s]
16	[276]	73	[15 min 56 s]
17	174	[42]	[14 min 34 s]
18	281	52	[11 min 18 s]
19	249	108	[26 min 11 s]
20	[222]	34	[9 min 25 s]
21	[269]	125	[27 min 59 s]
22	252	[59]	[14 min 9 s]
23	305	[76]	[15 min 1 s]
24	307	125	[24 min 28 s]
25	241	[18]	[4 min 39 s]

12.1.5 爬高求地速

爬高求地速见表 12-5。

表 12-5 爬高求地速

序 号	T_{QD}	$V_{上真}$	$T_{平飞}$	$t_{上}$	$V_{平真}$	ΔS	T_{JD}	t_{JD}	S	W
1	18:09	213	18:13	[4 min]	269	[3]	18:20	[11 min]	39	[230]
2	22:24	155	22:39	[15 min]	224	[17]	22:57	[33 min]	110	[232]
3	14:00	106	14:13	[13 min]	164	[12]	14:19	[19 min]	24	[114]
4	03:35	197	03:42	[7 min]	252	[6]	04:03	[28 min]	112	[254]
5	12:12	232	12:26	[14 min]	288	[13]	12:35	[23 min]	92	[276]
6	19:00	104	19:12	[12 min]	163	[11]	19:35	[35 min]	117	[221]
7	01:49	129	01:55	[6 min]	195	[6]	02:05	[16 min]	50	[210]
8	17:21	236	17:31	[10 min]	291	[9]	17:58	[37 min]	149	[257]
9	02:48	215	03:03	[15 min]	290	[18]	03:12	[24 min]	119	[344]
10	14:11	186	14:20	[9 min]	237	[7]	14:38	[27 min]	103	[245]
11	19:02	107	19:13	[11 min]	160	[9]	19:22	[20 min]	43	[156]
12	10:14	146	10:21	[7 min]	203	[6]	10:42	[28 min]	73	[171]
13	17:36	209	17:51	[15 min]	260	[12]	18:02	[26 min]	105	[272]
14	13:08	191	13:17	[9 min]	245	[8]	13:29	[21 min]	88	[275]
15	11:58	207	12:08	[10 min]	274	[11]	12:24	[26 min]	125	[316]
16	23:18	192	23:26	[8 min]	270	[10]	23:45	[27 min]	88	[219]
17	16:21	144	16:30	[9 min]	210	[9]	16:59	[38 min]	120	[205]
18	17:54	228	18:08	[14 min]	286	[13]	18:37	[43 min]	178	[267]
19	00:56	243	00:57	[1 min]	318	[1]	01:21	[25 min]	138	[334]
20	03:05	101	03:19	[14 min]	180	[18]	03:47	[42 min]	68	[123]
21	13:28	192	13:39	[11 min]	248	[10]	14:05	[37 min]	114	[202]
22	15:57	145	15:58	[1 min]	218	[1]	16:15	[18 min]	71	[242]
23	12:26	216	12:34	[8 min]	291	[10]	12:45	[19 min]	96	[336]
24	04:22	106	04:28	[6 min]	156	[5]	04:49	[27 min]	88	[207]
25	04:04	211	04:06	[2 min]	266	[1]	04:27	[23 min]	106	[280]

12.1.6 转弯诸元计算

转弯诸元计算见表 12-6。

表 12-6 转弯诸元计算

序　号	V	γ	ZW	t_{ZW}	R	S_{ZW}
1	208	35	177	[0 min 26 s]	[486]	[1 502]
2	181	45	143	[0 min 12 s]	[257]	[643]
3	138	15	98	[0 min 24 s]	[559]	[957]
4	165	10	96	[0 min 44 s]	[1 215]	[2 036]
5	322	20	68	[0 min 29 s]	[2 242]	[2 661]
6	197	20	76	[0 min 20 s]	[839]	[1 113]
7	349	25	59	[0 min 21 s]	[2 056]	[2 117]
8	258	15	89	[0 min 42 s]	[1 955]	[3 038]
9	235	40	103	[0 min 14 s]	[518]	[931]
10	211	25	134	[0 min 29 s]	[751]	[1 758]
11	202	20	90	[0 min 24 s]	[882]	[1 386]
12	301	30	165	[0 min 42 s]	[1 235]	[3 558]
13	260	30	151	[0 min 33 s]	[921]	[2 429]
14	264	25	104	[0 min 29 s]	[1 176]	[2 136]
15	221	10	43	[0 min 26 s]	[2 180]	[1 636]
16	296	20	65	[0 min 26 s]	[1 895]	[2 150]
17	282	35	150	[0 min 29 s]	[894]	[2 341]
18	266	40	90	[0 min 14 s]	[663]	[1 042]
19	149	30	112	[0 min 14 s]	[302]	[591]
20	244	40	153	[0 min 22 s]	[558]	[1 491]
21	165	15	140	[0 min 42 s]	[799]	[1 954]
22	164	30	158	[0 min 22 s]	[366]	[1 011]
23	189	15	168	[0 min 58 s]	[1 049]	[3 077]
24	282	20	35	[0 min 13 s]	[1 720]	[1 050]
25	131	20	176	[0 min 31 s]	[371]	[1 140]

12.1.7　下滑计算

下滑计算见表 12 - 7。

表 12 - 7　下滑计算

序　号	$H_{标压}$	$h_{机}$	$H_{场}$(进场)	$V_{垂}$	$t_{降}$
1	3 350	440	210	3.0	[15 min 0 s]
2	3 270	1 860	1 030	2.0	[3 min 10 s]
3	2 620	630	140	1.5	[20 min 33 s]
4	5 080	2 110	210	3.5	[13 min 8 s]
5	3 240	1 520	650	2.0	[8 min 55 s]
6	2 210	1 490	490	3.0	[1 min 16 s]
7	4 640	920	800	1.5	[32 min 26 s]
8	3 880	1 670	500	2.0	[14 min 15 s]
9	4 510	930	1 100	3.5	[11 min 48 s]
10	4 760	1 780	160	[3.0]	15 min 40 s
11	3 650	1 870	890	[1.5]	9 min 53 s
12	4 230	1 250	330	[3.5]	12 min 37 s
13	4 260	1 240	1 050	[3.5]	9 min 22 s
14	4 110	1 230	1 140	2.0	[14 min 30 s s]
15	2 660	1 270	930	3.5	[2 min 11 s]
16	5 400	2 060	630	[3.5]	12 min 54 s
17	1 950	290	170	[3.0]	8 min 16 s
18	2 750	480	630	1.5	[18 min 13 s]
19	1 700	750	390	2.0	[4 min 40 s]
20	1 850	1 050	360	[3.0]	2 min 26 s
21	2 290	490	470	1.5	[14 min 46 s]
22	2 180	1 180	690	2.0	[2 min 35 s]
23	5 080	1 550	970	2.0	[21 min 20 s]
24	2 530	1 200	890	2.0	[3 min 40 s]
25	4 590	2 020	520	[2.0]	17 min 5 s

12.2 求风计算

12.2.1 风角计算

风角计算见表 12 - 8。

表 12 - 8 风角计算

序　号	CFX航	CHJ	FJ
1	99	279	[-180]
2	119	217	[-98]
3	212	265	[-53]
4	226	17	[-151]
5	202	57	[145]
6	102	6	[96]
7	133	189	[-56]
8	247	279	[-32]
9	121	25	[96]
10	151	1	[150]
11	1	51	[-50]
12	113	274	[-161]
13	96	258	[-162]
14	282	350	[-68]
15	286	75	[-149]
16	122	6	[116]
17	359	89	[-90]
18	282	244	[38]
19	78	218	[-140]
20	39	74	[-35]
21	198	307	[-109]
22	151	278	[-127]
23	287	333	[-46]
24	346	135	[-149]
25	285	217	[68]

12.2.2　已知气象风求偏流、地速、应飞航向

已知气象风求偏流、地速、应飞航向见表 12-9。

表 12-9　已知气象风求偏流、地速、应飞航向

序　号	FX$_气$	ΔC	CFX$_航$	U$_气$	U$_航$	V$_真$	CHX	W	PL	CX$_应$
1	170	−6	[356]	6	[22]	347	221	[331]	[3]	[218]
2	294	0	[114]	13	[47]	183	131	[227]	[−4]	[135]
3	10	3	[187]	1	[4]	309	183	[313]	[0]	[183]
4	153	−3	[336]	0	[0]	201	265	[201]	[0]	[265]
5	119	−9	[308]	7	[25]	308	245	[319]	[4]	[241]
6	6	6	[180]	12	[43]	157	229	[182]	[−12]	[241]
7	245	−5	[70]	9	[32]	263	345	[264]	[7]	[338]
8	191	−7	[18]	9	[32]	242	96	[247]	[−8]	[104]
9	241	4	[57]	5	[18]	302	45	[320]	[1]	[44]
10	301	3	[118]	5	[18]	270	225	[264]	[−4]	[229]
11	142	4	[318]	9	[32]	292	159	[262]	[2]	[157]
12	209	4	[25]	15	[54]	120	62	[159]	[−16]	[78]
13	296	−7	[123]	14	[50]	176	180	[198]	[−14]	[194]
14	354	0	[174]	12	[43]	199	51	[172]	[10]	[41]
15	51	−2	[233]	11	[40]	174	71	[136]	[4]	[67]
16	230	6	[44]	3	[11]	322	23	[332]	[1]	[22]
17	349	−3	[172]	8	[29]	156	301	[136]	[−8]	[309]
18	199	7	[12]	8	[29]	186	264	[175]	[8]	[256]
19	300	−9	[129]	14	[50]	255	42	[253]	[11]	[31]
20	237	2	[55]	0	[0]	261	332	[261]	[0]	[332]
21	75	3	[252]	6	[22]	299	318	[307]	[−4]	[322]
22	47	2	[225]	5	[18]	306	81	[291]	[2]	[79]
23	119	−6	[305]	3	[11]	322	113	[311]	[0]	[113]
24	289	−8	[117]	10	[36]	315	240	[294]	[−6]	[246]
25	202	0	[22]	11	[40]	139	317	[151]	[15]	[302]

12.2.3　已知偏流、地速，求风

已知偏流、地速，求风见表 12 - 10。

表 12 - 10　已知偏流、地速，求风

序　号	CX	$V_真$	W	PL	$CFX_航$	$U_航$
1	307	338	346	−2	[249]	[14]
2	121	280	325	−4	[92]	[50]
3	44	318	318	−5	[309]	[28]
4	153	129	127	+3	[263]	[7]
5	137	281	337	−9	[87]	[74]
6	66	204	229	+14	[145]	[58]
7	214	290	291	−10	[115]	[51]
8	139	139	140	+12	[239]	[29]
9	280	136	139	0	[280]	[3]
10	305	234	279	0	[305]	[45]
11	267	229	211	+2	[66]	[20]
12	61	122	114	+7	[187]	[16]
13	274	296	321	+12	[355]	[69]
14	117	314	279	0	[297]	[35]
15	189	185	198	+13	[275]	[45]
16	342	212	234	−2	[321]	[23]
17	135	261	295	−7	[83]	[48]
18	222	320	308	+14	[335]	[77]
19	40	312	311	+8	[139]	[43]
20	276	345	359	−9	[191]	[57]
21	175	285	258	+6	[315]	[39]
22	303	236	227	−3	[173]	[15]
23	265	252	290	−6	[222]	[47]
24	333	324	345	+10	[53]	[62]
25	294	304	304	+3	[27]	[16]

12.2.4 求风预计资料

求风预计资料见表 12-11。

表 12-11 求风预计资料

序号	$V_{直}$	$CX_{均}$	PL	t	S	W	$CFX_{航}$	$U_{航}$	CHX	PL	W	$CX_{应}$
1	144	23	−3	28 min 0 s	55	[119]	[215]	[26]	54	[+3]	[119]	[51]
2	157	297	+3	13 min 40 s	25	[112]	[111]	[46]	274	[−5]	[113]	[279]
3	344	282	−13	19 min 30 s	105	[325]	[165]	[78]	328	[−4]	[269]	[332]
4	327	217	−8	23 min 0 s	141	[369]	[160]	[64]	13	[+6]	[271]	[7]
5	273	17	−9	30 min 10 s	166	[332]	[329]	[76]	159	[+3]	[198]	[156]
6	194	74	+4	6 min 40 s	25	[228]	[101]	[37]	41	[+10]	[210]	[31]
7	245	132	−4	11 min 50 s	39	[202]	[328]	[46]	247	[+11]	[248]	[236]
8	233	344	+8	17 min 0 s	56	[200]	[130]	[45]	352	[+7]	[198]	[345]
9	285	128	−6	30 min 30 s	159	[313]	[74]	[42]	236	[−3]	[245]	[239]
10	183	136	0	29 min 50 s	63	[127]	[316]	[56]	55	[−18]	[166]	[73]
11	210	53	+14	22 min 40 s	84	[223]	[143]	[54]	112	[+8]	[255]	[104]
12	301	111	−7	24 min 30 s s	124	[306]	[22]	[37]	352	[+4]	[333]	[348]
13	338	132	−10	19 min 10 s	107	[338]	[32]	[59]	189	[−4]	[283]	[193]
14	191	184	−2	28 min 40 s	118	[248]	[174]	[58]	298	[−14]	[153]	[312]
15	221	231	−5	29 min 10 s	130	[269]	[202]	[53]	79	[+11]	[188]	[68]
16	288	194	−11	12 min 10 s	65	[325]	[125]	[69]	14	[+13]	[256]	[1]
17	346	24	−10	7 min 10 s	37	[314]	[255]	[66]	110	[+6]	[290]	[104]
18	249	36	−12	13 min 20 s	60	[271]	[316]	[59]	229	[+14]	[245]	[215]
19	296	86	+13	6 min 30 s	37	[349]	[153]	[90]	83	[+17]	[314]	[66]
20	266	233	−11	12 min 30 s	47	[230]	[95]	[60]	233	[−9]	[219]	[242]
21	315	17	−1	9 min 0 s	54	[360]	[9]	[45]	76	[−8]	[330]	[84]
22	298	75	+12	12 min 50 s	72	[337]	[147]	[77]	196	[−11]	[343]	[207]
23	345	196	+14	28 min 40 s	152	[320]	[317]	[85]	171	[+8]	[271]	[163]
24	283	223	+1	7 min 0 s	32	[282]	[325]	[5]	20	[−1]	[286]	[21]
25	324	108	−14	11 min 0 s	56	[306]	[351]	[79]	115	[−12]	[273]	[127]

12.3　改航计算

12.3.1　用垂直观测角求水平距离

用垂直观测角求水平距离见表 12 - 12。

表 12 - 12　用垂直观测角求水平距离

序　号	$H_{标压}$	h	$H_{真}$	ZG	$S_{水平}$
1	4 700	2 230	[2 470]	28	[1]
2	2 400	230	[2 170]	51	[3]
3	4 400	2 520	[1 880]	39	[2]
4	2 500	1 270	[1 230]	51	[2]
5	4 700	2 460	[2 240]	25	[1]
6	5 200	3 010	[2 190]	34	[1]
7	2 100	540	[1 560]	26	[1]
8	1 700	180	[1 520]	48	[2]
9	3 100	2 130	[970]	43	[1]
10	3 000	1 230	[1 770]	76	[7]
11	3 800	2 970	[830]	74	[3]
12	4 400	2 510	[1 890]	81	[12]
13	1 800	1 190	[610]	32	[0]
14	4 000	3 190	[810]	79	[4]
15	1 100	100	[1 000]	79	[5]
16	3 700	2 360	[1 340]	68	[3]
17	1 400	370	[1 030]	64	[2]
18	1 600	330	[1 270]	42	[1]
19	2 500	670	[1 830]	63	[4]
20	1 400	660	[740]	42	[1]
21	1 200	740	[460]	42	[0]
22	4 300	2 140	[2 160]	57	[3]
23	800	230	[570]	52	[1]
24	2 400	1 250	[1 150]	43	[1]
25	4 300	2 180	[2 120]	65	[5]

12.3.2　按航迹修正角改航(偏航角、偏离角系数)

按航迹修正角改航(偏航角、偏离角系数)见表 12 - 13。

表 12 - 13　按航迹修正角改航(偏航角、偏离角系数)

序 号	$S_{偏QD}$	$S_已$	$S_未$	CHX	$CX_均$	$S_{偏JD}$	K_{PH}	K_{LJ}	PH	LJ	XZ	$CX_应$	CHJ	PL
1	0	69	77	316	315	−2	[0.8]	[0.7]	[−2]	[−1]	[−3]	[318]	[314]	[−1]
2	3	142	153	252	255	1	[0.4]	[0.4]	[−1]	[0]	[−1]	[256]	[251]	[−4]
3	7	135	148	278	278	1	[0.4]	[0.4]	[−3]	[0]	[−3]	[281]	[275]	[−3]
4	0	51	57	309	301	−4	[1.1]	[1.0]	[−4]	[−4]	[−8]	[309]	[305]	[4]
5	−5	144	142	110	106	3	[0.4]	[0.4]	[3]	[1]	[4]	[102]	[113]	[7]
6	5	63	58	189	195	−6	[0.9]	[1.0]	[−10]	[−6]	[−16]	[211]	[179]	[−16]
7	−1	60	60	15	6	−2	[0.9]	[0.9]	[−1]	[−2]	[−3]	[9]	[14]	[8]
8	5	147	167	196	199	0	[0.4]	[0.3]	[−2]	[0]	[−2]	[201]	[194]	[−5]
9	−8	146	162	117	115	6	[0.4]	[0.4]	[5]	[2]	[7]	[108]	[122]	[7]
10	−8	47	45	132	130	−7	[1.2]	[1.3]	[1]	[−9]	[−8]	[138]	[133]	[3]
11	−4	148	153	152	158	3	[0.4]	[0.4]	[3]	[1]	[4]	[154]	[155]	[−3]
12	1	119	99	202	202	1	[0.5]	[0.6]	[0]	[1]	[1]	[201]	[202]	[0]
13	0	100	90	336	336	2	[0.6]	[0.6]	[1]	[1]	[2]	[334]	[337]	[1]
14	6	79	69	130	122	−5	[0.7]	[0.8]	[−8]	[−4]	[−12]	[134]	[122]	[0]
15	−2	147	147	315	306	−8	[0.4]	[0.4]	[−2]	[−3]	[−5]	[311]	[313]	[7]
16	0	51	45	3	359	−4	[1.1]	[1.3]	[−4]	[−5]	[−9]	[9]	[359]	[−1]
17	1	140	164	356	4	1	[0.4]	[0.3]	[0]	[0]	[0]	[4]	[356]	[−8]
18	4	121	116	100	97	0	[0.5]	[0.5]	[−2]	[0]	[−2]	[99]	[98]	[1]
19	2	68	67	264	257	6	[0.8]	[0.8]	[3]	[5]	[8]	[249]	[267]	[10]
20	7	77	91	117	122	3	[0.7]	[0.6]	[−3]	[2]	[−1]	[123]	[114]	[−8]
21	2	60	62	1	11	−7	[0.9]	[0.9]	[−9]	[−6]	[−15]	[26]	[352]	[−19]
22	−4	132	109	312	322	7	[0.4]	[0.5]	[5]	[4]	[9]	[313]	[317]	[−5]
23	−7	52	50	234	233	−5	[1.1]	[1.1]	[2]	[−6]	[−4]	[237]	[236]	[3]
24	0	126	124	171	179	7	[0.5]	[0.5]	[3]	[3]	[6]	[173]	[174]	[−5]
25	−1	61	64	19	24	1	[0.9]	[0.9]	[2]	[1]	[3]	[21]	[21]	[−3]

12.3.3 按航迹修正角改航(60°)

按航迹修正角改航(60°)见表12-14。

表 12-14 按航迹修正角改航(60°)

序 号	$S_{偏QD}$	$S_{已}$	$S_{未}$	CHX	$CX_{均}$	$S_{偏JD}$	PH	LJ	XZ	$CX_{应}$	CHJ	PL
1	−3	117	132	163	159	−3	[0]	[−1]	[−1]	[160]	[163]	[4]
2	2	114	114	154	153	1	[−1]	[1]	[0]	[153]	[153]	[0]
3	0	108	120	171	163	0	[0]	[0]	[0]	[163]	[171]	[8]
4	3	66	64	204	208	−5	[−7]	[−5]	[−12]	[220]	[197]	[−11]
5	1	103	89	217	224	0	[−1]	[0]	[−1]	[225]	[216]	[−8]
6	2	46	37	26	28	−1	[−4]	[−2]	[−6]	[34]	[22]	[−6]
7	6	54	50	205	199	−8	[−16]	[−10]	[−26]	[225]	[189]	[−10]
8	2	81	86	226	228	−5	[−5]	[−3]	[−8]	[236]	[221]	[−7]
9	5	125	115	156	147	−2	[−3]	[−1]	[−4]	[151]	[153]	[6]
10	−1	44	49	276	279	6	[10]	[7]	[17]	[262]	[286]	[7]
11	0	78	71	264	268	0	[0]	[0]	[0]	[268]	[264]	[−4]
12	−3	119	117	27	23	4	[4]	[2]	[6]	[17]	[31]	[8]
13	6	36	35	91	94	3	[−5]	[5]	[0]	[94]	[86]	[−8]
14	−2	124	114	211	202	−6	[−2]	[−3]	[−5]	[207]	[209]	[7]
15	−2	30	26	39	44	−3	[−2]	[−7]	[−9]	[53]	[37]	[−7]
16	5	111	99	153	149	−7	[−6]	[−4]	[−10]	[159]	[147]	[−2]
17	−5	134	125	80	82	5	[4]	[2]	[6]	[76]	[84]	[2]
18	2	37	34	337	329	0	[−3]	[0]	[−3]	[332]	[334]	[5]
19	−1	80	72	159	158	−6	[−4]	[−5]	[−9]	[167]	[155]	[−3]
20	5	75	74	142	140	0	[−4]	[0]	[−4]	[144]	[138]	[−2]
21	3	46	53	338	338	2	[−1]	[2]	[1]	[337]	[337]	[−1]
22	2	78	69	310	308	2	[0]	[2]	[2]	[306]	[310]	[2]
23	0	117	111	124	121	1	[1]	[1]	[2]	[119]	[125]	[4]
24	1	133	150	113	117	5	[2]	[2]	[4]	[113]	[115]	[−2]
25	−6	25	27	158	158	1	[17]	[2]	[19]	[139]	[175]	[17]

12.3.4　按偏离角改航(偏离角系数)

按偏离角改航(偏离角系数)见表 12 - 15。

表 12 - 15　按偏离角改航(偏离角系数)

序　号	CHX	$S_{偏JD}$	$S_{未}$	PL	K_{LJ}	LJ	CHX$_新$	CX$_应$
1	217	5	125	7	[0.5]	[2]	[215]	[208]
2	102	7	94	−8	[0.6]	[4]	[98]	[106]
3	75	−7	53	−4	[1.1]	[−7]	[82]	[86]
4	288	4	136	0	[0.4]	[2]	[286]	[286]
5	158	9	45	4	[1.3]	[11]	[147]	[143]
6	125	−3	71	−4	[0.8]	[−2]	[127]	[131]
7	194	4	40	6	[1.4]	[6]	[188]	[182]
8	67	1	28	−11	[2.0]	[2]	[65]	[76]
9	316	−7	33	3	[1.7]	[−12]	[328]	[325]
10	24	9	85	−14	[0.7]	[6]	[18]	[32]
11	156	8	51	−10	[1.1]	[9]	[147]	[157]
12	315	−4	82	−6	[0.7]	[−3]	[318]	[324]
13	96	−10	110	−4	[0.5]	[−5]	[101]	[105]
14	169	−1	133	7	[0.4]	[0]	[169]	[162]
15	260	−9	67	−5	[0.8]	[−8]	[268]	[273]
16	49	−1	108	−3	[0.5]	[−1]	[50]	[53]
17	240	−3	143	8	[0.4]	[−1]	[241]	[233]
18	272	−8	48	−15	[1.2]	[−9]	[281]	[296]
19	189	−5	113	4	[0.5]	[−3]	[192]	[188]
20	198	2	122	10	[0.5]	[1]	[197]	[187]
21	108	9	111	−1	[0.5]	[5]	[103]	[104]
22	248	0	99	4	[0.6]	[0]	[248]	[244]
23	175	−7	95	−10	[0.6]	[−4]	[179]	[189]
24	86	2	30	14	[1.8]	[4]	[82]	[68]
25	56	−2	130	11	[0.4]	[−1]	[57]	[46]

12.3.5 按偏离角改航(60°)

按偏离角改航(60°)见表 12-16。

表 12-16 按偏离角改航(60°)

序 号	CHX	$S_{偏JD}$	$S_{未}$	PL	LJ	$CHX_{新}$	$CX_{应}$
1	29	−2	33	−5	[−4]	[33]	[38]
2	56	−1	68	−10	[−1]	[57]	[67]
3	256	−5	118	−3	[−3]	[259]	[262]
4	79	5	77	0	[4]	[75]	[75]
5	19	2	33	13	[4]	[15]	[2]
6	69	−1	28	10	[−2]	[71]	[61]
7	153	−8	126	8	[−4]	[157]	[149]
8	4	2	89	4	[1]	[3]	[359]
9	168	0	92	0	[0]	[168]	[168]
10	65	4	146	−5	[2]	[63]	[68]
11	255	−1	86	6	[−1]	[256]	[250]
12	132	−5	80	13	[−4]	[136]	[123]
13	6	2	132	−4	[1]	[5]	[9]
14	351	1	108	11	[1]	[350]	[339]
15	100	4	71	−7	[3]	[97]	[104]
16	35	8	69	−6	[7]	[28]	[34]
17	222	8	81	−5	[6]	[216]	[221]
18	101	8	67	−3	[7]	[94]	[97]
19	283	−5	70	−5	[−4]	[287]	[292]
20	125	−6	101	7	[−4]	[129]	[122]
21	104	6	58	1	[6]	[98]	[97]
22	208	−3	127	2	[−1]	[209]	[207]
23	72	10	46	−2	[13]	[59]	[61]
24	7	−5	27	−13	[−11]	[18]	[31]
25	21	9	87	5	[6]	[15]	[10]

12.4 无线电领航计算

12.4.1 基本角度换算

基本角度换算见表12-17。

表12-17 基本角度换算

序 号	CX	DXF	CDF	CFF
1	249	163	[52]	[232]
2	115	[133]	248	[68]
3	2	[262]	[264]	84
4	349	[356]	[345]	165
5	68	[184]	[252]	72
6	79	[94]	173	[353]
7	111	305	[56]	[236]
8	225	79	[304]	[124]
9	70	[149]	[219]	39
10	231	[92]	[323]	143
11	349	[233]	222	[42]
12	310	185	[135]	[315]
13	[307]	181	[128]	308
14	55	[245]	[300]	120
15	232	250	[122]	[302]
16	343	344	[327]	[147]
17	342	287	[269]	[89]
18	[297]	29	[326]	146
19	113	[90]	[203]	23
20	245	[108]	[353]	173
21	91	[86]	177	[357]
22	275	154	[69]	[249]
23	[70]	177	[247]	67
24	330	[289]	259	[79]
25	251	16	[267]	[87]

12.4.2 按 180°出航求电台方位角

按 180°出航求电台方位角见表 12-18。

表 12-18 按 180°出航求电台方位角

序 号	CX$_起$	CHX	CX$_反$	ZW	α	CDF$_预$
1	52	238	[232]	[6]	[6]	[238]
2	334	65	[154]	[89]	[63]	[91]
3	169	28	[349]	[39]	[35]	[314]
4	160	341	[340]	[1]	[0]	[340]
5	296	93	[116]	[23]	[21]	[95]
6	167	23	[347]	[36]	[33]	[314]
7	286	115	[106]	[9]	[8]	[114]
8	151	277	[331]	[54]	[46]	[285]
9	279	35	[99]	[64]	[51]	[48]
10	199	62	[19]	[43]	[38]	[57]
11	225	346	[45]	[59]	[48]	[93]
12	191	1	[11]	[10]	[10]	[1]
13	86	324	[266]	[58]	[48]	[314]
14	150	247	[330]	[83]	[60]	[270]
15	304	206	[124]	[82]	[60]	[184]
16	228	111	[48]	[63]	[50]	[98]
17	212	3	[32]	[29]	[27]	[5]
18	199	13	[19]	[6]	[6]	[13]
19	30	158	[210]	[52]	[44]	[166]
20	108	238	[288]	[50]	[43]	[245]
21	97	351	[277]	[74]	[56]	[333]
22	313	168	[133]	[35]	[31]	[164]
23	326	119	[146]	[27]	[25]	[121]
24	207	326	[27]	[61]	[49]	[76]
25	325	179	[145]	[34]	[31]	[176]

12.4.3　向台求偏离角

向台求偏离角见表 12 - 19。

表 12 - 19　向台求偏离角

序　号	CHX原	CDF	PI(LJ)
1	193	169	[24]
2	103	268	[-165]
3	286	344	[-58]
4	292	73	[219]
5	194	313	[-119]
6	259	142	[117]
7	182	358	[-176]
8	308	230	[78]
9	55	212	[-157]
10	348	321	[27]
11	137	222	[-85]
12	38	226	[-188]
13	25	293	[-268]
14	119	252	[-133]
15	247	81	[166]
16	158	44	[114]
17	136	240	[-104]
18	123	75	[48]
19	239	136	[103]
20	116	75	[41]
21	118	149	[-31]
22	90	349	[-259]
23	226	45	[181]
24	343	142	[201]
25	311	315	[-4]

12.4.4 背台求偏流、修正航迹

背台求偏流、修正航迹见表12-20。

表 12-20 背台求偏流、修正航迹

序 号	CFF	CHX	CX$_{均}$	PL$_{测}$	S$_{偏QD}$	S$_{已}$	S$_{末}$	ΔHJ	PL$_{实}$	S$_{偏JD}$	PH	LJ	XZ	CX$_{应}$
1	110	117	113	[-7]	-4	84	80	[-3]	[-4]	[0]	[-3]	[-2]	[-2]	[119]
2	264	261	252	[3]	-2	110	116	[-1]	[4]	[13]	[23]	[11]	[24]	[237]
3	131	124	117	[7]	-3	114	114	[-2]	[9]	[16]	[30]	[15]	[31]	[93]
4	105	119	119	[-14]	-1	42	38	[-1]	[-13]	[-13]	[-10]	[-15]	[-28]	[147]
5	232	224	230	[8]	-1	148	163	[0]	[8]	[2]	[4]	[1]	[3]	[221]
6	138	149	149	[-11]	-4	72	69	[-3]	[-8]	[-8]	[-13]	[-11]	[-19]	[168]
7	69	76	77	[-7]	0	51	50	[0]	[-7]	[-8]	[-6]	[-7]	[-15]	[91]
8	33	27	20	[6]	-3	54	47	[-3]	[9]	[16]	[12]	[15]	[31]	[-4]
9	244	257	266	[-13]	2	93	76	[1]	[-14]	[-23]	[-36]	[-25]	[-48]	[305]
10	117	120	128	[-3]	3	21	23	[8]	[-11]	[-19]	[-3]	[-9]	[-28]	[148]
11	205	195	187	[10]	-1	18	18	[-3]	[13]	[21]	[6]	[18]	[39]	[156]
12	142	136	144	[6]	-1	145	153	[0]	[6]	[-2]	[-5]	[-1]	[-3]	[139]
13	128	115	116	[13]	-5	101	110	[-3]	[16]	[15]	[22]	[11]	[26]	[89]
14	255	268	268	[-13]	0	36	29	[0]	[-13]	[-13]	[-7]	[-15]	[-28]	[296]
15	333	346	349	[-13]	-4	52	43	[-4]	[-9]	[-12]	[-14]	[-18]	[-30]	[376]
16	208	223	226	[-15]	-5	96	78	[-3]	[-12]	[-15]	[-30]	[-20]	[-35]	[258]
17	209	224	226	[-15]	1	95	88	[1]	[-16]	[-18]	[-29]	[-18]	[-36]	[260]
18	3	356	2	[7]	4	101	82	[2]	[5]	[-1]	[2]	[2]	[1]	[355]
19	152	138	136	[14]	5	146	127	[2]	[12]	[14]	[41]	[18]	[32]	[106]
20	86	96	102	[-10]	1	136	109	[0]	[-10]	[-16]	[-37]	[-18]	[-34]	[130]
21	352	341	332	[11]	3	47	53	[4]	[7]	[16]	[16]	[17]	[33]	[308]
22	295	289	289	[6]	-1	53	51	[-1]	[7]	[7]	[6]	[6]	[13]	[276]
23	30	27	17	[3]	3	108	108	[2]	[1]	[11]	[24]	[13]	[24]	[3]
24	204	216	208	[-12]	-1	31	32	[-2]	[-10]	[-2]	[-1]	[-3]	[-5]	[221]
25	21	21	13	[0]	-5	68	72	[-4]	[4]	[12]	[9]	[7]	[19]	[2]

12.4.5 45°截距法定位

45°截距法定位见表 12－21。

表 12－21 45°截距法定位

序　号	S	W	t	S'	$S_{偏}$
1	19	235	3 min 49 s	[15]	[4]
2	48	239	12 min 33 s	[50]	[－2]
3	13	282	1 min 29 s	[7]	[6]
4	－27	258	6 min 16 s	[27]	[0]
5	－51	347	7 min 57 s	[46]	[－5]
6	－58	342	9 min 7 s	[52]	[－6]
7	1	246	0 min 0 s	[0]	[1]
8	－18	312	4 min 25 s	[23]	[5]
9	－14	166	2 min 10 s	[6]	[－8]
10	－22	133	10 min 22 s	[23]	[1]
11	51	211	16 min 12 s	[57]	[－6]
12	－4	287	0 min 25 s	[2]	[－2]
13	－49	279	9 min 53 s	[46]	[－3]
14	－34	121	19 min 50 s	[40]	[6]
15	－33	201	11 min 20 s	[38]	[5]
16	22	328	4 min 34 s	[25]	[－3]
17	－50	240	10 min 30 s	[42]	[－8]
18	－27	159	12 min 27 s	[33]	[6]
19	－50	138	19 min 7 s	[44]	[－6]
20	－50	342	8 min 46 s	[50]	[0]
21	16	152	6 min 18 s	[16]	[0]
22	33	282	6 min 35 s	[31]	[2]
23	21	249	4 min 5 s	[17]	[4]
24	－23	234	6 min 9 s	[24]	[1]
25	－47	295	8 min 44 s	[43]	[－4]

12.5 准时到达计算

12.5.1 按应飞地速调整速度

按应飞地速调整速度见表12-22。

表 12-22 按应飞地速调整速度

序 号	T_{JD1}	S_1	T_{JD2}	$V_{表原}$	W	S_2	$T_{目标}$	$W_{应}$	ΔW	$V_{表应}$
1	20:24:57	59	20:43:00	196	[196]	36	20:54:25	[189]	[-7]	[209]
2	13:29:23	78	13:47:52	253	[253]	70	14:03:35	[267]	[14]	[269]
3	13:53:35	95	14:12:38	299	[299]	86	14:31:27	[274]	[-25]	[272]
4	00:19:09	33	00:28:04	222	[222]	45	00:41:14	[205]	[-17]	[196]
5	03:11:50	60	03:23:59	296	[296]	81	03:40:55	[287]	[-9]	[281]
6	06:30:30	83	06:56:02	195	[195]	54	07:14:02	[180]	[-15]	[194]
7	09:02:15	76	09:24:56	201	[201]	95	09:50:50	[220]	[19]	[231]
8	19:47:13	57	20:02:33	223	[223]	60	20:19:13	[216]	[-7]	[204]
9	22:21:49	46	22:35:45	198	[198]	41	22:48:58	[186]	[-12]	[160]
10	18:54:16	84	19:11:28	293	[293]	74	19:26:16	[300]	[7]	[326]
11	02:13:26	59	02:35:25	161	[161]	41	02:49:48	[171]	[10]	[199]
12	19:04:37	77	19:25:54	217	[217]	76	19:49:09	[196]	[-21]	[171]
13	15:30:02	47	15:43:39	207	[207]	65	16:04:17	[189]	[-18]	[187]
14	13:46:22	85	14:13:29	188	[188]	47	14:28:01	[194]	[6]	[214]
15	08:24:24	77	08:44:39	228	[228]	64	09:01:33	[227]	[-1]	[203]
16	23:01:07	87	23:21:30	256	[256]	48	23:32:47	[255]	[-1]	[267]
17	00:40:49	44	00:51:30	247	[247]	97	01:13:12	[268]	[21]	[261]
18	07:42:01	71	08:08:38	160	[160]	31	08:18:58	[180]	[20]	[171]
19	10:36:51	84	10:54:58	278	[278]	82	11:13:11	[270]	[-8]	[298]
20	20:08:04	36	20:19:40	186	[186]	79	20:43:07	[202]	[16]	[207]
21	15:56:06	82	16:16:56	236	[236]	97	16:39:24	[259]	[23]	[231]
22	02:23:12	37	02:33:49	209	[209]	41	02:47:19	[182]	[-27]	[171]
23	16:13:05	30	16:21:39	210	[210]	52	16:36:05	[216]	[6]	[231]
24	20:39:06	61	20:54:48	233	[233]	78	21:12:52	[259]	[26]	[230]
25	04:27:51	78	04:44:30	281	[281]	73	05:01:48	[253]	[-28]	[229]

12.5.2 按预定速度修正量调整速度

按预定速度修正量调整速度见表 12 - 23。

表 12 - 23 按预定的速度修正量调整速度

序　号	$W_{原}$	ΔW	Δt	$t_{调}$
1	296	35	5 min	[0:42:17]
2	234	58	4 min	[0:16:8]
3	222	36	10 min	[1:1:40]
4	202	60	3 min	[0:10:6]
5	157	57	11 min	[0:30:17]
6	249	62	3 min	[0:12:2]
7	181	14	3 min	[0:38:47]
8	133	10	5 min	[1:6:30]
9	123	40	8 min	[0:24:36]
10	246	53	6 min	[0:27:50]
11	251	70	9 min	[0:32:16]
12	114	52	5 min	[0:10:57]
13	159	55	5 min	[0:14:27]
14	164	68	6 min	[0:14:28]
15	129	45	8 min	[0:22:56]
16	147	32	2 min	[0:9:11]
17	191	25	4 min	[0:30:33]
18	130	59	5 min	[0:11:1]
19	290	53	5 min	[0:27:21]
20	139	14	10 min	[1:39:17]
21	153	61	2 min	[0:5:0]
22	253	68	5 min	[0:18:36]
23	114	72	4 min	[0:6:20]
24	296	56	2 min	[0:10:34]
25	147	44	7 min	[0:23:23]

12.5.3　在预定飞行时间内调速

在预定飞行时间内调速见表 12 - 24。

表 12 - 24　在预定的飞行时间内调速

序　号	$V_表$	t	Δt	$\Delta V_表$
1	234	15 s	4 s	[62]
2	196	24 s	1 s	[8]
3	134	43 s	4 s	[12]
4	298	58 s	11 s	[56]
5	275	53 s	7 s	[36]
6	244	14 s	11 s	[191]
7	157	50 s	11 s	[34]
8	282	58 s	9 s	[43]
9	337	38 s	2 s	[17]
10	293	20 s	2 s	[29]
11	248	26 s	7 s	[66]
12	245	56 s	13 s	[56]
13	277	52 s	4 s	[21]
14	280	40 s	2 s	[14]
15	124	23 s	12 s	[64]
16	324	39 s	11 s	[91]
17	233	46 s	9 s	[45]
18	127	43 s	1 s	[2]
19	248	58 s	1 s	[4]
20	321	34 s	2 s	[18]
21	146	49 s	5 s	[14]
22	228	48 s	10 s	[47]
23	340	42 s	1 s	[8]
24	325	50 s	10 s	[65]
25	316	39 s	10 s	[81]

参考文献

［1］李军.空中领航教学法［M］.北京:航空工业出版社,2017.

［2］潜继成,郭霞.领航仿真技术与应用［M］.哈尔滨:哈尔滨地图出版社,2021.

［3］潜继成,刘国华,等.领航计算理论与方法［M］.哈尔滨:哈尔滨工程大学出版社,2023.

［4］杜晓凯,叶炳楠.浅析直升机空中领航人员职业特点及素养［J］.教育,2018(1):110.

［5］杜晓凯,苗杰,马华敏.直升机飞行人员领航职业素养养成方法探究［J］.课程教育研究:学法教法研究,2018(36):2.

［6］潜继成,等.领航计算技能训练基本规律与方法研究［J］.科技新时代,2022(1):246.

［7］杜晓凯,等.领航心算能力培养体系创新与实践［J］.科技新时代,2022(1):255.

［8］杜晓凯,等.领航心算能力培养与考核问题研究［J］.中国科技信息,2023(1):181.

［9］徐振东.空中领航学［M］.北京:航空工业出版社,2019.

［10］张焕.空中领航学［M］.成都:西南交通大学出版社,2016.

［11］丁兴国,杨利森,顾莹,等.空中领航［M］.北京:清华大学出版社,2013.

［12］李跃.导航与定位［M］.2版.北京:国防工业出版社,2008.

［13］程擎,江波.领航学［M］.3版.成都:西南交通大学出版社,2018.

［14］赖欣.航图实践［M］.成都:西南交通大学出版社,2020.

［15］叶志坚.空中导航［M］.北京:清华大学出版社,2020.

［16］张文良,李军,等.直升机空中领航学［M］.北京:海潮出版社,2011.

［17］查尔斯.杜希格.习惯的力量［M］.北京:中信出版社,2013.

［18］文裕武,温清澄.现代直升机应用及发展［M］.北京:航空工业出版社,2000.

［19］李奎,李雪强.航空安全管理［M］.北京:航空工业出版社,2011.